无机光子材料与光科技

Inorganic Photonic
Materials and Technologies

周时凤　甘久林　冯　旭　编著

本书配有数字资源与在线增值服务
微信扫描二维码获取

 首次获取资源时，
需刮开授权码涂层，
扫码认证

授权码

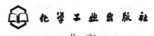

·北京·

内容简介

《无机光子材料与光科技》是战略性新兴领域"十四五"高等教育教材体系——"先进功能材料与技术"系列教材之一。本书内容深入浅出，通俗易懂，有助于学生在宏观上掌握无机光子材料种类、性能、制备方法及其在尖端领域中的应用，为未来更深层次的学习和科学研究打下基础。

本书共5章。第1章为基础理论，主要介绍光与物质相互作用的过程与基础光学原理，这部分内容在后续学习中也会用到。第2～5章分别介绍光子产生材料、传输材料、探测材料、调变材料的种类、性能、制备方法及其在尖端领域中的应用。

本书可作为高等学校材料科学与工程专业大类以及无机非金属材料、光电信息科学与工程（光电器件）、功能材料等细分专业方向本科专业教学使用，也可供科研、产业有关人员参考。

图书在版编目（CIP）数据

无机光子材料与光科技/周时凤，甘久林，冯旭编著．—北京：化学工业出版社，2024.8．—（战略性新兴领域"十四五"高等教育教材）．— ISBN 978-7-122-46497-2

Ⅰ．TB34

中国国家版本馆CIP数据核字第2024Y0E263号

责任编辑：王 婧　　　　　文字编辑：王 硕
责任校对：王 静　　　　　装帧设计：刘丽华

出版发行：化学工业出版社
　　　　　（北京市东城区青年湖南街13号　邮政编码100011）
印　　装：河北鑫兆源印刷有限公司
787mm×1092mm　1/16　印张10¾　字数246千字
2024年8月北京第1版第1次印刷

购书咨询：010-64518888　　　　售后服务：010-64518899
网　　址：http://www.cip.com.cn
凡购买本书，如有缺损质量问题，本社销售中心负责调换。

定　价：49.00元　　　　　　　　版权所有　违者必究

序 FOREWORD

战略性新兴产业是引领未来发展的新支柱、新赛道,是发展新质生产力的核心抓手。功能材料作为新兴领域的重要组成部分,在推动科技进步和产业升级中发挥着至关重要的作用。在新能源、电子信息、航空航天、海洋工程、轨道交通、人工智能和生物医药等前沿领域,功能材料都为新技术的研究开发和应用提供着坚实的基础。随着社会对高性能、多功能、高可靠、智能化和可持续材料的需求不断增加,新材料新兴领域的人才培养显得尤为重要。国家需要既具有扎实理论基础,又具备创新能力和实践技能的高端复合型人才,以满足未来科技和产业发展的需求。

教材体系高质量建设是推进实施科教兴国战略、人才强国战略、创新驱动发展战略的基础性工程,也是支撑教育科技人才一体化发展的关键。华南理工大学、北京化工大学、南京航空航天大学、化学工业出版社共同承担了战略性新兴领域"十四五"高等教育教材体系——"先进功能材料与技术"系列教材的编写和出版工作。该项目针对我国战略性新兴领域先进功能材料人才培养中存在的教学资源不足、学科交叉融合不够等问题,依托材料类一流学科建设平台与优质师资队伍,系统总结国内外学术和产业发展的最新成果,立足我国材料产业的现状,以问题为导向,建设国家级虚拟教研室平台,以知识图谱为基础,打造体现时代精神、融汇产学共识、凸显数字赋能、具有战略性新兴领域特色的系列教材。系列教材涵盖了新型高分子材料、新型无机材料、特种发光材料、生物材料、天然材料、电子信息材料、储能材料、储热材料、涂层材料、磁性材料、薄膜材料、复合材料及现代测试技术、光谱原理、材料物理、材料科学与工程基础等,既可作为材料科学与工程类本科生和研究生的专业基础教材,同时也可作为行业技术人员的参考书。

值得一提的是,系列教材汇集了多所国内知名高校的专家学者,各分册的主编均为材料科学相关领域的领军人才,他们不仅在各自的研究领域中取得了卓越的成就,还具有丰富的教学经验,确保了教材内容的时代性、示范性、引领性和实用性。希望"先进功能材料与技术"系列教材的出版为我国功能材料领域的教育和科研注入新的活力,推动我国材料科技创新和产业发展迈上新的台阶。

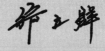

中国工程院院士

前言

无机光子材料指可以实现光子产生、传输、探测、调变的无机材料，是光科技必不可少的材料基础。自20世纪50年代以来，科学家们研制了大批新型无机光子材料，并催生了一系列重要的先进光科技，如激光技术、光纤通信技术和激光加工技术。上述光科技在宇宙深空探测、激光武器、精密芯片加工等国家战略性领域发挥着不可替代的作用。新型无机光子材料作为先进光科技的基础，其战略性地位日益凸显。新时代材料科学与工程专业的本科学生作为国家战略性新兴材料研发领域的后备人才，在其本科阶段有必要掌握常见新型无机光子材料的类型、特点、制备方法及应用场景。但目前有关无机光子材料的专业知识大多散落在不同专业性教材的部分章节中，对各种类型的新型无机光子材料及其性质缺乏系统性的叙述，不利于本科教学的开展以及本科学生系统性掌握相关知识。为了满足本科教学的需求，编者结合自己长期从事新型无机光子材料研究所掌握的领域内最前沿的信息，以及相关本科课程教学过程中所编撰的教学讲义，编著了《无机光子材料与光科技》一书。

本书共分5章。第1章简述光与物质相互作用的过程与基础光学原理；第2章介绍激光的基本产生原理及无机光子产生材料的种类、特点及应用；第3章介绍光子传输的基本原理以及无机光子传输材料的种类、特点及应用；第4章介绍光子探测的基本原理以及无机光子探测材料的种类、特点及应用；第5章介绍非线性光子调变过程以及无机光子调变材料的种类、特点及应用。

本书由周时凤、甘久林、冯旭编著。具体编写分工为华南理工大学的周时凤、冯旭负责第1章、第2章、第5章，甘久林、何永成、刘灏珺负责第3章、第4章；吕时超负责书中插图的绘制。全书由周时凤统稿。

感谢黄宇鹏、韩羿、严剑锋、余卓铭、陈靖飞、谢斌、张润杰对本书第2章部分内容的调研与整理；杨安平、刘路岩、苏斯杰对本书第3章部分内容的调研与整理；罗佳佳、李诺、许胜彬对本书第4章部分内容的调研与整理；谭佳佳、刘子昂、张智浩对本书第5章部分内容的调研与整理。

由于编者时间和水平所限，书中不足之处在所难免，欢迎广大读者批评和指正。

编著者
2024年6月

目录

1 光与物质相互作用 —001—

1.1 光的物理本质 ……………… 001
　1.1.1 光的粒子性与波动性 ……… 001
　1.1.2 光的电磁理论与麦克斯韦
　　　　方程组 ……………………… 002
　1.1.3 光波的波函数与光波叠加 … 003
1.2 光的特征物理参量及其测量
　　方法 …………………………… 006
　1.2.1 光的强度及其测量方法 …… 006
　1.2.2 光的波长（频率）及其测量方法 … 007
　1.2.3 光波的波矢及其测量方法 …… 008
　1.2.4 光的偏振及其测量方法 …… 008
1.3 光与物质相互作用的过程 …… 009
　1.3.1 光的反射 ………………… 009
　1.3.2 光的折射 ………………… 011
　1.3.3 光的散射 ………………… 013
　1.3.4 光的衍射 ………………… 015
　1.3.5 光的吸收 ………………… 015
　1.3.6 光的发射 ………………… 018
　1.3.7 光与物质的非线性相互作用 … 020
习题 ……………………………… 020

2 无机光子产生材料 —021—

2.1 激光原理 …………………… 021
　2.1.1 原子发光机理及光的自发辐射
　　　　与受激辐射 ………………… 021
　2.1.2 激光的产生 ……………… 024
2.2 激光晶体 …………………… 030
　2.2.1 激光晶体的定义 ………… 030
　2.2.2 激光晶体的制备方法 …… 031
　2.2.3 常见的激光晶体 ………… 033
2.3 激光陶瓷 …………………… 038
　2.3.1 激光陶瓷的定义 ………… 038
　2.3.2 激光陶瓷透明性的影响因素 … 039
　2.3.3 激光陶瓷的优势 ………… 040
　2.3.4 激光陶瓷的制备方法 …… 041
　2.3.5 常见的激光陶瓷 ………… 045
2.4 激光玻璃 …………………… 048
　2.4.1 激光玻璃的定义 ………… 048
　2.4.2 激光玻璃的制备 ………… 049
　2.4.3 激光玻璃的分类 ………… 051
2.5 激光半导体 ………………… 053
　2.5.1 半导体激光器的工作原理 … 053
　2.5.2 激光半导体的制备 ……… 054
　2.5.3 激光半导体的分类 ……… 056
2.6 激光及光放大的应用 ……… 060
　2.6.1 精细激光加工 …………… 060
　2.6.2 精细外科手术 …………… 060
　2.6.3 激光核聚变 ……………… 061
　2.6.4 引力波探测 ……………… 062
　2.6.5 飞秒物理/化学 ………… 062
　2.6.6 通信光放大 ……………… 063
习题 ……………………………… 063

3 无机光子传输材料 - 064 -

- 3.1 光子传输的基本原理 …………… 064
  - 3.1.1 光在空间中的传输原理 …… 065
  - 3.1.2 光在波导中的传输原理 …… 066
- 3.2 空间光子传输材料 ………………… 071
  - 3.2.1 反射镜材料 …………………… 071
  - 3.2.2 透镜材料 ……………………… 073
  - 3.2.3 光栅 …………………………… 078
- 3.3 光波导传输材料 …………………… 079
  - 3.3.1 平面光波导材料 ……………… 079
- 3.3.2 光纤材料 ……………………… 081
- 3.4 无机光子传输材料的应用 ……… 087
  - 3.4.1 天文观测 ……………………… 087
  - 3.4.2 光学隐身 ……………………… 089
  - 3.4.3 光纤通信 ……………………… 090
  - 3.4.4 航空航天 ……………………… 091
  - 3.4.5 生物医疗 ……………………… 092
  - 3.4.6 驱动与能源 …………………… 094
- 习题 ……………………………………… 095

4 无机光子探测材料 - 096 -

- 4.1 光子探测的基本原理 ……………… 096
  - 4.1.1 光电效应 ……………………… 096
  - 4.1.2 光热效应 ……………………… 107
- 4.2 两类无机光子探测材料 …………… 116
  - 4.2.1 基于光电效应的无机光子探测材料 …………………………… 116
  - 4.2.2 基于光热效应的无机光子探测材料 …………………………… 126
- 4.3 无机光子探测材料的应用 ……… 132
  - 4.3.1 图像记录与传感 ……………… 133
  - 4.3.2 红外热成像 …………………… 134
  - 4.3.3 激光雷达 ……………………… 136
  - 4.3.4 深空激光通信 ………………… 138
  - 4.3.5 激光非视域成像 ……………… 140
  - 4.3.6 光信息感知 …………………… 142
- 习题 ……………………………………… 143

5 无机光子调变材料 - 144 -

- 5.1 非线性光学效应 …………………… 144
  - 5.1.1 二阶非线性效应 ……………… 144
  - 5.1.2 三阶非线性效应 ……………… 147
- 5.2 非线性晶体 ………………………… 149
- 5.3 非线性玻璃 ………………………… 154
  - 5.3.1 二阶非线性玻璃 ……………… 154
  - 5.3.2 三阶非线性玻璃 ……………… 156
- 5.4 非线性低维材料 …………………… 157
  - 5.4.1 非线性低维材料的特性 ……… 158
  - 5.4.2 常见的非线性低维材料 ……… 159
- 5.5 无机光子调变材料的应用 ……… 161
  - 5.5.1 天文钠导星 …………………… 161
  - 5.5.2 拉曼光纤光放大 ……………… 162
  - 5.5.3 深紫外光刻 …………………… 162
  - 5.5.4 三维三基色立体显示 ………… 163
  - 5.5.5 动态激光防护 ………………… 163
  - 5.5.6 超短脉冲激光的产生 ………… 163
  - 5.5.7 超短光脉冲脉宽测量 ………… 164
- 习题 ……………………………………… 165

参考文献 - 166 -

1

光与物质相互作用

人类对外部世界的感知通过感觉器官与外部世界的相互作用实现。其中，视觉是人类感知外部世界的最主要方式之一，其来源于光与眼睛的相互作用。对光与物质相互作用的探索是人类最早开展的科学研究之一，认清光的物理本质是科学家一直追求的目标。

在本章中，我们将讨论光的物理本质、光的特征物理参量，以及常见的光与物质的相互作用过程。

1.1 光的物理本质

随着物理学的发展，我们已经认识到光既是粒子也是波，在不同的场景中表现出不同的物理特性。在1.1节，我们将介绍人类对光的"波粒二象性"这一物理本质的认识过程以及如何用数学方式描述光。

1.1.1 光的粒子性与波动性

在很早的时候，人类已经发现光的反射与折射等简单的光与物质的相互作用过程，并总结出规律。约在公元前388年，我国墨家学派的著作《墨经》中就记载了典型的八个光学现象，被后世称为"墨经八条"；同一时期，西方的柏拉图学派也观察到光的直线传播与光的反射等现象。公元前300年左右，数学家欧几里得就在其著作《光学》中明确提出了光的直线传播和光的反射定理。在2世纪时，天文学家托勒密在其著作中记载了折射现象。到10世纪，阿拉伯科学家伊本·海赛姆在著作《光学宝鉴》中对光的反射和折射现象做了更系统和科学的论述，并开始研制无机玻璃材料和光学透镜，利用光学透镜对光进行简单操控。到了16世纪末17世纪初，荷兰数学家斯涅耳提出了光的折射定律，建立了折射角与折射率的关系。在这一时期，对光学的研究主要集中于光的传播规律以及光与物质相互作用过程的总结，所建立的光学理论被称为"几何光学"。

基于以上对光与物质相互作用过程的认识，到了17世纪，科学家们就"光的物理本质"这一主题开展了激烈的探讨。当时关于光的物理本质的学说分为两个派系，分别是以牛顿为代表人物的光的"微粒说"和以胡克、惠更斯为代表人物的光的"波动说"。"微粒说"认为光的物理本质是分立"微粒",该学说可以统一到牛顿的力学体系中,能很好地解释光的直线传播、光的反射并勉强解释光的折射等光的基本特性。1666年,牛顿通过将太阳光(白光)与无机玻璃三棱镜进行相互作用,发现了光的色散现象,他认为正是不同种的"微粒"构成了不同颜色的光,并将这一现象作为支持光的"微粒说"的有力证据。"波动说"认为光是以太振动引起的连续的弹性介质波。虽然它也能解释反射、折射等现象,但由于缺乏干涉、衍射等体现光"波动性"的决定性证据,因此在这一时期,光的"微粒说"占据上风并成为学术界的主流观点。

到了19世纪,一系列光与物质相互作用过程的新发现使得"波动说"成为学术界的主流观点。托马斯·杨通过双缝实验,观察到了光干涉现象;法国科学院的阿拉果根据法国科学家菲涅耳的理论观察到光衍射形成的泊松亮斑。上述有关干涉与衍射的光与物质相互作用过程体现了光的波动特性,因此"波动说"取代了"微粒说"成为学术界的主流观点。

到了20世纪,人们认识到光不仅具有波动性,同时也具有粒子性。在19世纪末期,赫兹等人研究了光电效应这一光与物质相互作用的过程,而传统的光的波动理论并不能很好地解释该过程。1905年,为了解释光电效应,爱因斯坦提出"光量子"的概念,并指出光同时具有波动性和粒子性,在不同的光与物质相互作用的过程中光将表现出不同的特性。上述从量子的角度研究和解释光的本质以及光与物质相互作用的新理论的出现,标志着"量子光学"这一门新学科的诞生。

1.1.2 光的电磁理论与麦克斯韦方程组

光同时具有波动性和粒子性,对于大多数的光与物质相互作用过程,仅需考虑光的波动性。因此,准确认识并描述光的波动特性是研究和理解光与物质相互作用过程的基础。

在早期研究中,惠更斯的波动理论认为光波与机械波、水波、声波都是一种弹性介质波,其传播需要依赖特定媒介,如:机械波传播需要固体介质,水波传播需要液体介质,声波传播需要气体介质。由于实验中已经观察到光可以在真空介质中传播,因此其假设光的传播需要依赖一种"以太"介质,其均匀分布在空间中,但一直缺少实验证据证明"以太"的存在。直到1887年,迈克尔逊-莫雷实验的结果否认了"以太"的存在。

1855—1865年间,麦克斯韦总结了前人关于电磁学的研究成果,建立了描述电磁场状态的麦克斯韦方程组。在真空的状态下,麦克斯韦方程组有如下的形式:

$$\nabla \cdot \boldsymbol{E} = 0 \tag{1-1}$$

$$\nabla \times \boldsymbol{E} = -\frac{\partial \boldsymbol{B}}{\partial t} \tag{1-2}$$

$$\nabla \cdot \boldsymbol{B} = 0 \tag{1-3}$$

$$\nabla \times \boldsymbol{B} = \varepsilon_0 \mu_0 \frac{\partial \boldsymbol{E}}{\partial t} \tag{1-4}$$

式中 $\boldsymbol{E}$ ——电场强度(矢量);

$\boldsymbol{B}$ ——磁感应强度(矢量);

ε_0 ——真空介电常数,约为 $8.85418781 \times 10^{-12} \mathrm{C/(V \cdot m)}$;

μ_0——真空磁导率，$\mu_0 = 4\pi \times 10^{-7} \text{V} \cdot \text{s}^2/(\text{C} \cdot \text{m})$。

对式(1-2)两端取旋度有

$$\nabla \times (\nabla \times \boldsymbol{E}) = -\nabla \times \left(\frac{\partial \boldsymbol{B}}{\partial t}\right) \tag{1-5}$$

等价于

$$\nabla(\nabla \cdot \boldsymbol{E}) - \nabla^2 \boldsymbol{E} = -\frac{\partial(\nabla \times \boldsymbol{B})}{\partial t} \tag{1-6}$$

结合式(1-1)和式(1-4)，可得到如下有关电场强度的方程：

$$\nabla^2 \boldsymbol{E} = \varepsilon_0 \mu_0 \left(\frac{\partial^2 \boldsymbol{E}}{\partial t^2}\right) \tag{1-7}$$

通过类似变化，可得到如下有关磁场强度的方程：

$$\nabla^2 \boldsymbol{B} = \varepsilon_0 \mu_0 \left(\frac{\partial^2 \boldsymbol{B}}{\partial t^2}\right) \tag{1-8}$$

上述电场方程[式(1-7)]和磁场方程[式(1-8)]与经典介质波的波动方程[式(1-9)]具有类似的形式。

$$\nabla^2 f = \frac{1}{v^2} \left(\frac{\partial^2 f}{\partial t^2}\right) \tag{1-9}$$

式中　v——波的传播速度。

这证明了电场和磁场在真空中可以以一种电磁波的形式传播，且这种电磁波的传播速度为

$$v = \frac{1}{\sqrt{\varepsilon_0 \mu_0}} \approx 2.99 \times 10^8 \text{m/s} \tag{1-10}$$

这一数值恰好与真空中光速 c 对应，因此，麦克斯韦从理论上大胆地预测：光波是一种电磁波。到了1887年，赫兹在实验中成功地产生了电磁波，证明了电磁波的存在，并验证了一系列电磁波与物质相互作用的行为如反射、折射、干涉和衍射等现象，都与光波类似。至此，光波是一种电磁波的理论获得了认可。

1.1.3　光波的波函数与光波叠加

1.1.3.1　光波的波函数

麦克斯韦方程组的解可以用于描述光的波动特性。而满足麦克斯韦方程组的解，称为光波的一个波函数。参考机械波波动方程[式(1-9)]的经典简谐波解的形式，我们可以给出如下具有三角函数形式的、光在真空中传播的平面简谐波形式的解。

如图1-1所示，在一维空间中，一个波长为 λ 的简谐光波沿着 $+X$ 方向传播。在 x 位置，t 时间时，光波可以表述为

$$E = A_0 \cos\left[\omega\left(t - \frac{x}{c}\right)\right] \tag{1-11}$$

式中　A_0——振幅；

ω——该波长光波的角频率。

光波的角频率与波长 λ、波速 c 的关系为

$$\omega = \frac{2\pi c}{\lambda} \tag{1-12}$$

定义该光波在真空中传播时其波矢的大小为

$$k = \frac{2\pi}{\lambda} \tag{1-13}$$

结合式(1-12)和式(1-13)，对于式(1-11)我们可以得到如下关系：

$$E = A_0 \cos(\omega t - kx) \tag{1-14}$$

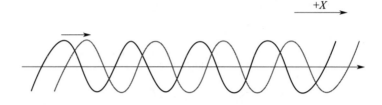

图 1-1　沿一维方向传播的平面简谐波示意图

我们对于式(1-14)做维度上的拓展，考虑三维的情况。设平面简谐波沿着三维 $\boldsymbol{k}_0$ 方向传播，则在三维空间中，波矢可以表示为

$$\boldsymbol{k} = \frac{2\pi}{\lambda} \boldsymbol{k}_0 \tag{1-15}$$

式中　$\boldsymbol{k}_0$——单位矢量，其对应的方向为光波的传播方向（垂直于光波阵面方向）。

对于空间中的任意一点 R，设其对应的矢径为 $\boldsymbol{r}$，则 R 点处的简谐波的振动可以表示为

$$E = A_0 \cos(\omega t - \boldsymbol{k} \cdot \boldsymbol{r}) \tag{1-16}$$

式(1-16)即为三维空间中平面简谐光波的波函数。

对于更复杂的非简谐光波，如球面波等，其振幅不再保持为恒定的常数，而与空间的位置有关，所以在更一般的形式下光波的波函数可以表示为

$$E = A(\boldsymbol{r}) \cos(\omega t - \boldsymbol{k} \cdot \boldsymbol{r}) \tag{1-17}$$

对应光强为

$$I = A(\boldsymbol{r})^2 \tag{1-18}$$

三角函数虽然可以描述光的传播，但当涉及光波的叠加，求解光强时，三角函数在数学上处理起来不方便。出于对理论计算的需求，需要寻找更方便的光波的波函数。

新的光波的波函数也应当满足式(1-7)所示的光波的波动方程。首先，可以注意到，正弦形式的三角函数也是该波动方程的另一组解：

$$E = A(\boldsymbol{r}) \sin(\omega t - \boldsymbol{k} \cdot \boldsymbol{r}) \tag{1-19}$$

对于式(1-7)所示波动方程，其为线性偏微分方程，若 E_1 和 E_2 为该方程的解，则 $aE_1 + bE_2$（a、b 为常数）也为该方程的解。不妨取式(1-17)和式(1-19)为两组解，令 $a = 1$，$b = -\mathrm{i}$，则

$$\widetilde{E} = A(\boldsymbol{r}) \cos(\omega t - \boldsymbol{k} \cdot \boldsymbol{r}) - \mathrm{i}[A(\boldsymbol{r}) \sin(\omega t - \boldsymbol{k} \cdot \boldsymbol{r})] \tag{1-20}$$

也为式(1-7)的解。根据欧拉公式，式(1-20)可以改写为指数形式：

$$\widetilde{E} = A(\boldsymbol{r}) \mathrm{e}^{-\mathrm{i}(\omega t - \boldsymbol{k} \cdot \boldsymbol{r})} \tag{1-21}$$

对于式(1-21),我们可以将与空间矢径 r 相关以及与时间 t 有关的项进行分离,并得到如下形式:

$$\widetilde{E} = [A(r)e^{i(k \cdot r)}]e^{-i(\omega t)} = \widetilde{E}(r)e^{-i(\omega t)} \tag{1-22}$$

$$\widetilde{E}(r) = A(r)e^{i(k \cdot r)} \tag{1-23}$$

被称为复振幅。

复数形式的波函数的实数部分即为光波三角函数形式的波函数,即

$$\text{Re}\widetilde{E} = E \tag{1-24}$$

在复数形式下,光强为复振幅的共轭平方,即

$$I = \widetilde{E}(r)\widetilde{E}^*(r) \tag{1-25}$$

为体现光波复数解在光波叠加运算上的方便性,以下以两列具有相同传播速度和频率的光波的叠加(相干光叠加)为例。这两列光波的叠加符合线性叠加原理。

设这两列光波的三角函数形式的波函数为

$$\begin{cases} E_1 = A\cos(\omega t - \Phi_1) \\ E_2 = B\cos(\omega t - \Phi_2) \end{cases} \tag{1-26}$$

式中 A、B——振幅;

  ω——角频率;

  Φ——相位。

当两列光波叠加时,叠加后的波函数 E_3 满足

$$E_3 = E_1 + E_2 \tag{1-27}$$

在三角函数形式下,时空项是相互耦合的,需要经过复杂的数学变换进行时空项的解耦和重新耦合才能得到满足

$$E_3 = C\cos(\omega t - \Phi_3)$$

形式的数学表达式,以满足我们对光强等参量的求解需求。

显然在三角函数形式下,光波的振幅和相位均不满足线性叠加原则,即

$$\begin{cases} C \neq A + B \\ \Phi_3 \neq \Phi_1 + \Phi_2 \end{cases} \tag{1-28}$$

对于更加复杂的多光波叠加,数学处理更加困难。

而在复数的形式下,与式(1-26)相同的两列光波的波函数为

$$\begin{cases} \widetilde{E}_1 = (Ae^{i\Phi_1})e^{-i(\omega t)} \\ \widetilde{E}_2 = (Be^{i\Phi_2})e^{-i(\omega t)} \end{cases} \tag{1-29}$$

对于光波叠加,有

$$\widetilde{E}_3 = \widetilde{E}_1 + \widetilde{E}_2 = (Ae^{i\Phi_1} + Be^{i\Phi_2})e^{-i(\omega t)} \tag{1-30}$$

在复数形式下,还可以通过复振幅的共轭平方求叠加光波的光强,即

$$\begin{aligned} I &= (Ae^{i\Phi_1} + Be^{i\Phi_2})(Ae^{-i\Phi_1} + Be^{-i\Phi_2}) \\ &= A^2 + B^2 + AB[e^{i(\Phi_1-\Phi_2)} + e^{i(\Phi_2-\Phi_1)}] \\ &= A^2 + B^2 + 2AB\cos(\Phi_2 - \Phi_1) \end{aligned} \tag{1-31}$$

可以看出，复数形式下光波叠加，其复振幅满足线性叠加原则，对于光强等参量的求解以及多光波叠加的计算具有明显的优势。因此，麦克斯韦方程组的复数解形式在光学计算过程中应用比三角函数形式更为广泛。

1.1.3.2 光波的叠加

根据式(1-31)，假设在空间中某一点发生两束频率相同、振动方向相同的光波的叠加，若两束光的相位差不恒定，即 $\Phi_2-\Phi_1$ 随着时间做随机的变化，则在该点处的光强有时大于两束光光强的直接相加，有时小于两束光光强的直接相加，这种叠加称为非相干光的叠加。如果对叠加点光强进行一段时间的测量和记录，则会发现从时间平均的角度来看，两束光波叠加后的光强与两束光的光强直接相加的效果是一致的，即

$$\overline{I} = \frac{1}{t}\int \{A^2 + B^2 + 2AB\cos[\Phi_2(t) - \Phi_1(t)]\}dt = A^2 + B^2 \quad (1\text{-}32)$$

常见的非相干光有自然光、荧光、普通灯光等。

两束具有恒定相位差、频率相同、振动方向相同的光波叠加称为相干光的叠加。设 $k \in \mathbf{Z}$，当固定的相位差 $(\Phi_2 - \Phi_1) \in (-\pi/2 + 2k\pi, \pi/2 + 2k\pi)$ 时，叠加后光波的光强大于原光波光强的简单相加，这种现象称为干涉相长；当固定的相位差 $(\Phi_2 - \Phi_1) \in (\pi/2 + 2k\pi, 3\pi/2 + 2k\pi)$ 时，叠加后光波的光强小于原光波光强的简单相加，这种现象称为干涉相消。常见的相干光有激光以及一束光波的子波等。

1.2 光的特征物理参量及其测量方法

在 1.1 节，我们从理论的角度讨论了光波的本质以及光波的波函数。而在实际的材料科学研究中，往往只关心光波与光子材料相互作用后某些特征物理参量的演变，以及这些物理参量的演变在仪器测量中的反映。本节将介绍光的特征物理参量及其测量方法。

1.2.1 光的强度及其测量方法

在 1.1 节，我们从理论物理光学角度讨论了光强的计算方法，而在材料科学领域，常用实际测量所得的光功率和光谱强度来衡量光的强度。

在单位时间内照射到某一面积表面的光的能量称为光功率。光功率的单位为 W 或 dBW，两种单位对应的光功率分别记作 P_W、P_dBW，两者间的转换方法为

$$P_\mathrm{dBW} = 10 \times \lg\left(\frac{P_\mathrm{W}}{1\mathrm{W}}\right) \quad (1\text{-}33)$$

光功率的常用测量仪器为光电功率计。光波照射到光电功率计探头后引起光电效应，仪器通过测量电信号的大小来计算照射到探头的光波的光功率的大小。

在某些情况下，如在发射光谱、红外光谱、拉曼光谱等的测量中，研究人员并不关心实际的光功率是多少，只关心"光的强度"的相对大小的变化。我们把光引起光电探测器响应的强度定义为光谱的强度。光谱强度是一个相对值，往往需要标定某一特定的光谱强度作为参考值后，光谱强度的比较才有意义。

1.2.2 光的波长(频率)及其测量方法

波长(频率)是光波最重要的参量之一。光的波长 λ 和光的频率 ν 满足如下关系:

$$\nu = \frac{c}{\lambda} \tag{1-34}$$

式中 c——真空中的光速,其大小约为 $3.0 \times 10^8 \, \text{m/s}$。

波长不同的光波可以诱导不同的物理、化学、生物过程。因此,实现对不同波长(频率)光波的产生、传播、探测以及调制是光子材料的主要作用之一。

如图 1-2 所示,通过对光波的波长(频率)进行划分,光波被划分为紫外光、可见光、红外光三个光区:

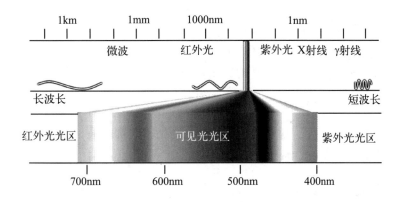

图 1-2 光波波长与颜色

① 波长为 400~760nm 的光波位于可见光光区。波长位于该光区的光波可以直接被人眼感知,对应我们在日常生活中所说的"红橙黄绿青蓝紫"等各种颜色❶;波长 400~430nm 对应紫色;430~450nm 对应蓝色;450~500nm 对应青色;500~570nm 对应绿色;570~600nm 对应黄色;600~630nm 对应橙色;630~760nm 对应红色。

② 波长为 10~400nm 的光波位于紫外光光区。其中,波长大于或等于 200nm 的紫外光为近(浅)紫外光;波长小于 200nm 的紫外光为深紫外光。由于紫外光波长短,可加工超精细微结构,常应用于芯片精密光刻等领域。

③ 波长为 760nm~1mm 的光波位于红外光光区。其中,波长为 760nm~3μm 的光波为近红外光,该波段的光常应用于生物医疗、光通信等领域;3~30μm 波长对应中红外光;30μm~1mm 波长对应远红外光。中远红外光常应用于热成像等领域。

光波的波长(频率)常用光栅衍射法进行测量。当光波照射到光栅上时将发生衍射现象,不同波长(频率)的光波衍射方向有所区别,从而实现不同波长(频率)的光波在空间中的分离,因此通过测量衍射光在空间中的位置即可实现光波波长(频率)的分辨。目前常用的光谱仪、分光光度计等波长分辨仪器已经将光栅以及光电探测器进行集成,可以

---

❶ 不同的人对光的感觉不完全一样,因此对不同人群测量所得的数据也不完全一样。不同颜色的光对应的波长也难以找到明确的分界线。

实现单色光波的波长分辨以及复色光波中不同波长光波的组成成分分析。

1.2.3 光波的波矢及其测量方法

根据爱因斯坦的光量子理论，光波（光量子）具有像宏观运动物体一般的能量与动量，光与物质相互作用的过程中同样存在能量与动量守恒，因此光量子的能量与动量是在研究光与物质相互作用的过程时需要确定的重要物理参量。

光量子的能量 E 与波长（频率）相关：

$$E = h\nu \tag{1-35}$$

式中 h——普朗克常量，其大小约为 $6.6260755 \times 10^{-34} \text{J} \cdot \text{s}$。

而光量子的动量 p 则与光波矢相关：

$$\boldsymbol{p} = \hbar \boldsymbol{k} \tag{1-36}$$

式中 $\hbar$——约化普朗克常量，其与普朗克常量 h 的关系为 $\hbar = h/2\pi$。

在真空中，光波的光波矢的计算方法如式(1-13)和式(1-15)所示。光波在色散介质中传播时，还必须考虑介质折射率 n 的影响，则有

$$\boldsymbol{k} = \frac{2n\pi}{\lambda} \boldsymbol{k}_0 \tag{1-37}$$

光的波矢并非一个可以直接测量的物理参量，需要通过测量光的波长、介质对应该波长的折射率以及光波的传播方向来确定光的波矢。

1.2.4 光的偏振及其测量方法

光波是一种典型的横波，其电场方向永远垂直于光波传播的方向（光波矢的方向）。这种电场方向相对于光波传播方向的不对称性称为光的偏振。光偏振的方向即为光波电场分量的方向。具有不同偏振特性的光波与各向异性物质相互作用时往往可以诱导不同的物理过程，因此光的偏振态是光波的重要物理参量之一。

如图1-3所示，根据光的偏振态，光波可以分为自然光、部分偏振光和完全偏振光。完全偏振光又分为线偏振光、圆偏振光、椭圆偏振光。

① 光波电场矢量随时间仅在同一平面内振动，沿着光波矢的方向观察，光波电场矢量端点描绘出的轨迹为直线的光波为线偏振光。

② 光波电场矢量随时间以光波矢为轴旋转，沿着光波矢的方向观察，光波电场矢量端点描绘出的轨迹为圆形的光波为圆偏振光。

③ 光波电场矢量随时间以光波矢为轴旋转，光波电场矢量端点描绘出的轨迹为椭圆的光波为椭圆偏振光。

迎着光波矢的方向观察，电场矢量沿着顺时针方向旋转的（椭）圆偏振光称为右旋（椭）圆偏振光；电场矢量沿着逆时针方向旋转的（椭）圆偏振光称为左旋（椭）圆偏振光。（椭）圆偏振光的偏振方向随时间的演变是具有规律性的，根据矢量叠加原则，（椭）圆偏振光都可以看作偏振方向互相垂直且具有恒定相位差的两束线偏振光的叠加。

自然光的偏振特性与圆偏振光在某些方面非常相似。自然光偏振，从时间平均的角度来看，其电场矢量端点描绘出的轨迹也为圆形。但相比于圆偏振光，其偏振方向随时间的

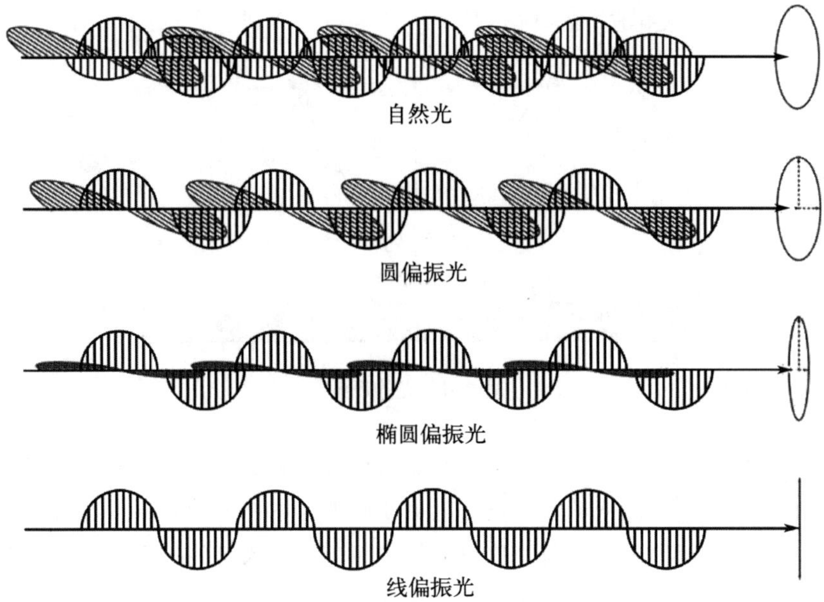

图 1-3 不同偏振类型的光波

演变完全随机，其演变过程缺乏规律性。在生活中，太阳光、荧光都是自然光。与之类似，部分偏振光电场矢量端点描绘出的轨迹为椭圆形，但其偏振随时间演变的过程也缺乏规律性。

光波的偏振常用偏振片、波片和光电探测器组成的系统进行测量。目前也有专门的偏振分析仪进行光波偏振特性的分析。

1.3 光与物质相互作用的过程

光与物质相互作用将带来两个方面的影响：一方面，光波会影响材料的状态，如导致电子的跃迁、声子的产生等；另一方面，光的强度、波长、波矢以及偏振状态等光波物理参量也会因光与物质相互作用而发生改变。如何设计出合适的材料组分与微结构，以实现对光波特定物理参量的调控，是光子材料领域的研究重点。

为了达到这一目的，我们必须先掌握常见的光与物质相互作用过程及其对光波物理参量的影响。这一节我们将对此进行介绍。

1.3.1 光的反射

当光波照射到材料的界面，部分光将发生反射，光波矢的方向将发生改变。如图 1-4 所示，根据几何光学的基本原理，入射光和反射光需要遵循光的反射定律：入射光波矢、反射光波矢、入射界面的法线在同一平面上，该平面被称为入射-反射光平面；入射光、反射光分居法线两侧，且入射光、反射光与法线形成的夹角相同，即

$$i = \theta \tag{1-38}$$

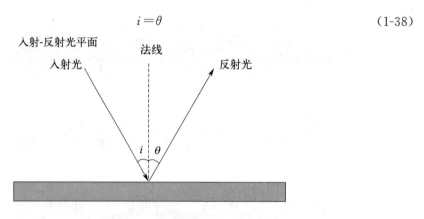

图 1-4　光的反射

几何光学只描述了光反射现象的规律，而为什么会满足这一特殊的几何规律则需要用波动光学中的惠更斯原理进行解释。根据惠更斯原理，波面上的每一点都可以看作次级波面的子波源，子波波面的包络即为总的波动的波面。斜向入射的一系列光线照射到材料界面时将发射球形的子波，由于不同光线之间有相对时延，因此不同光线产生的反射波子波的传播距离也有所差别。一系列反射光波的包络面如图 1-5 所示，作包络面的法线，可以得到反射光的光波矢方向，其结果与几何光学的结果一致。

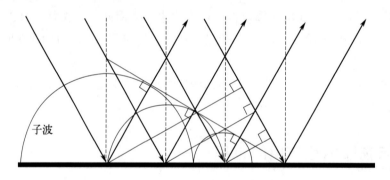

图 1-5　光反射的惠更斯原理

反射除了导致光波矢发生改变外，还可能导致光波的偏振态发生改变。由于具有垂直于入射-反射光平面的偏振特性的光波（s 波）相比于具有平行于入射-反射光平面的偏振特性的光波（p 波）具有更高的反射率，因此，如图 1-6 所示，当一束同时具有平行于与垂直于入射-反射光平面的偏振分量的光波被反射时，其反射光波中 s 波的成分相比于入射光波增加。

值得注意的是，当入射角为某一特定角度时，反射光无 p 波分量，该角度被称为布儒斯特角 φ_B：

$$\varphi_B = \arctan \frac{n_2}{n_1} \tag{1-39}$$

式中　n_1——原介质的折射率；

n_2——第二相介质的折射率。

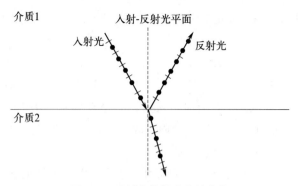

图 1-6 反射光偏振成分的变化

1.3.2 光的折射

当光波照射到各向同性材料时，除了在界面反射外，其余的光波将进入另一材料中，此时光波传播方向（光波矢方向）往往也将发生改变，这一现象被称为光的折射。根据几何光学的基本原理，入射光波矢、折射光波矢、入射界面的法线在同一平面上，且折射光波和入射光波间需要满足斯涅耳定律：

$$n_1 \sin \theta_1 = n_2 \sin \theta_2 \tag{1-40}$$

式中 n_1——原介质的折射率；

n_2——第二相介质的折射率；

θ_1——入射角；

θ_2——折射角。

同样，我们可以用波动光学的观点考量折射现象。根据惠更斯原理，入射光波进入第二相材料时将向材料内部发射子波，由于第二相材料的折射率与原材料并不相等，因此子波的传播速度与原介质中光波的传播速度并不相同（第二相介质中子波的包络面如图 1-7 所示，可以清晰地发现光波矢方向在第二相介质中的改变）。因此，从波动光学的观点看，折射现象是由两相之间光波传播速度不一致引起的。

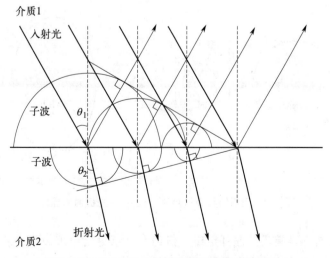

图 1-7 各向同性介质中光折射的惠更斯原理

由斯涅耳定律可知，当光波由光密介质（折射率较大）进入光疏介质（折射率较小）时，入射角 θ_1 小于折射角 θ_2。在这种情况下，当入射角 θ_1 满足 $\theta_1 = \arcsin(n_2/n_1)$ 时，折射角 θ_2 恰好为 $\pi/2$。当进一步增大入射角，使 $\theta_1 > \arcsin(n_2/n_1)$ 时，进入光疏介质的折射光波完全消失，所有入射光波以反射形式进入原光密介质中，这一现象被称为全反射现象，$\theta_1 = \arcsin(n_2/n_1)$ 为全反射的临界入射角。全反射这一物理现象说明可以通过光子材料空间折射率分布设计实现光波的受限传输，光纤、光波导这类应用于光传输的光子材料正是基于全反射这一物理现象设计的。

相比于各向同性介质，各向异性介质（如：晶体）中的折射现象更加复杂。区别于各向同性介质中折射光波的简单偏转，各向异性介质中折射光可能会分为两束，这一现象被称为双折射现象。在各向异性介质中分裂的两束光中，其中一束光仍满足斯涅耳定律［式(1-40)］，而另一束光不再满足斯涅耳定律，且不一定仍在入射平面内。我们把仍满足斯涅耳定律的光称为寻常光（o 光），另一束光称为非寻常光（e 光）。

为了描述各向异性材料中双折射的现象，需要引入材料双折射光轴、双折射主平面和双折射主截面的概念。若一束任意偏振光沿着材料某一特定方向传播时不会发生 o 光和 e 光分离，则称此方向为该各向异性介质的双折射光轴方向。光轴方向与光波矢组成的平面称为双折射主平面。o 光的偏振方向垂直于 o 光主平面，e 光的偏振方向平行于 e 光主平面。（注：o 光和 e 光主平面一般来说并不完全重合，但为方便起见，在本书中我们近似认为 o 光和 e 光主平面重合。）

如图 1-8 所示，对于 o 光，其在介质中传播时沿各方向的波速是相同的，因此 o 光的子波为球面波；而对于 e 光，其在介质中传播时沿不同方向波速是有所区别的，因此 e 光的子波为椭球面波。根据 o 光和 e 光波速的相对大小，双折射材料可分为正材料和负材料。对于正材料，o 光波速大于 e 光波速（也就是说 $n_e > n_o$，这是因为折射率与波速成反比）；对于负材料，e 光波速大于 o 光波速（也就是说 $n_o > n_e$）。

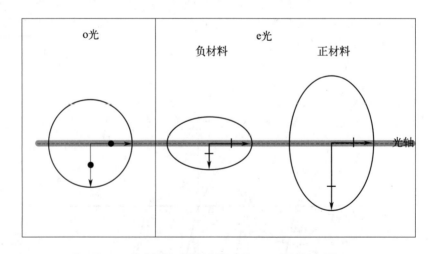

图 1-8　正材料和负材料的 o 光、e 光折射率椭球

e 光的传播虽然不再满足斯涅耳定律，但仍满足惠更斯原理。以光斜入射到正材料为例，如图 1-9 所示，由 o 光发射的子波为球面波，e 光的子波为椭球面波，两者子波的包

络面并不重合，进而导致 o 光和 e 光在介质空间中分离。

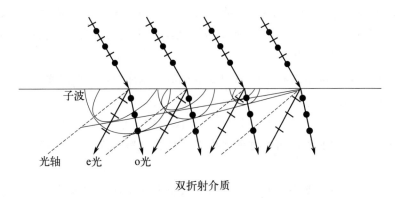

图 1-9　各向异性正材料中 e 光折射的惠更斯原理

1.3.3　光的散射

光在均匀介质中是沿着直线传播的，人眼探测到光是由于光进入到眼睛中，理论上只有迎着光观察才能探测到光。现实中的许多材料，由于存在杂质、缺陷等，并不能被看作理想的均匀介质；或是复合材料，其本身由多相物质构成。在光经过上述材料时，我们常常可以从光的传播方向的侧面观察到"光线"，说明有部分光的光波矢方向发生改变，这一光学现象被称为光的散射。光的散射是由于材料内部存在大量微观尺度的折射率不一致的第二相（散射体）引起的。

根据散射体的尺寸及其对光的散射效果，散射可分为瑞利散射和米氏散射。散射体产生的散射效果主要取决于散射体的尺寸与光波长的相对大小，这一相对大小可用以下因子来衡量：

$$x = 2\pi r / \lambda$$

式中　r——散射体的半径；

λ——入射光的波长。

当 $x \ll 1$ 时（典型的如：$r < \lambda/10$），发生的为瑞利散射；当 $x \approx 1$ 时，发生的为米氏散射；当 $x \gg 1$ 时，可以直接使用宏观的反射和折射模型（1.3.1 节和 1.3.2 节所述的内容）对研究对象进行处理。

对于散射，我们主要关心散射的效率和散射光的分布情况。

对于瑞利散射，常用参数散射截面积衡量瑞利散射的散射效率。对于瑞利散射，其散射截面积 σ_s 满足如下关系：

$$\sigma_s \propto \frac{1}{\lambda^4} d^6 \left(\frac{M^2 - 1}{M^2 + 1} \right)^2 \tag{1-41}$$

式中　λ——入射光的波长；

d——散射体的尺寸；

M——散射体折射率与周围环境折射率的比值。

根据式(1-41)可知，瑞利散射的散射截面积与入射光波长 λ 的四次方成反比，因此波长越长的光受散射效应的影响越小，因此，长波长的光（如：近红外光）相比于短波长的光

(如：紫外光)具有更好的穿透能力。瑞利散射效果除了取决于光的波长外，还与材料的本征特性有关。散射强度与材料内散射体尺寸的 6 次方成正比，意味着散射体尺寸的减小可以迅速抑制瑞利散射效应；此外，散射体与其周围环境折射率匹配程度越高，M 指数越接近于 1，散射效应越小。

对于瑞利散射，其散射光在空间中的分布不是球对称的，其散射光强度的空间分布如图 1-10 所示，并满足

$$I(\theta) \propto 1 + \cos^2\theta \tag{1-42}$$

瑞利散射的前向散射和后向散射强度相当，且散射光的空间强度分布状态与散射体的尺寸等因素无关。

随着散射体尺寸的增加，散射的类型由瑞利散射向米氏散射转化。相比于瑞利散射，米氏散射的数学模型极其复杂，常需要使用各种近似的手段对数学模型进行处理。

对于米氏散射，常用量纲一的因子 Q 来衡量米氏散射的散射强度。在一阶近似的条件下，对于折射率比周围环境高的球形散射体，量纲一的因子 Q 的表达式为

$$Q = 2 - \frac{4\sin p}{p} + \left(\frac{4}{p^2}\right)(1 - \cos p) \tag{1-43}$$

$$p = 2(M-1)x$$

Q 因子的数值随参数 x 的变化图像如图 1-11 所示。从图像中我们可以得到如下结论：

① 在 $x \ll 1$ 的区域内，$Q \propto x^4 \propto \lambda^{-4}$，即米氏散射退变为瑞利散射；

② 在 $x \approx 1$ 的区域内，Q 值随着 x 的变化而不断振荡，且随着 x 的增加，振荡的幅度逐渐减小，这表明相比于瑞利散射，米氏散射对于波长敏感性较低；

③ 在 $x \gg 1$ 的区域，Q 值逐渐收敛。

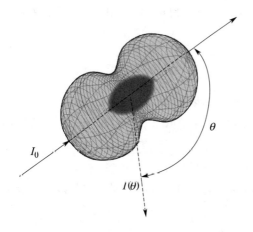

图 1-10 瑞利散射光强度的空间分布

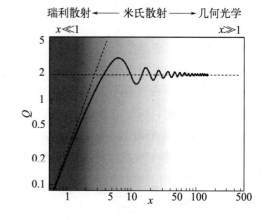

图 1-11 Q 值随 x 变化趋势图

米氏散射中光的强度的空间分布如图 1-12 所示。米氏散射的方向性，相比于瑞利散射有两处明显的区别：

① 米氏散射的散射光角度分布与散射体的尺寸有关，而瑞利散射的散射光角度分布与散射体的尺寸无关；

② 米氏散射主要以前向散射为主，而瑞利散射中散射光前后对称散射。

1.3.4 光的衍射

光波遇到与其波长尺寸相近的"障碍物",如小孔、狭缝时,光的传播方向发生偏转(光波矢方向改变)并绕过物体进行传播,这一现象称为光的衍射。光的衍射是光的波动性的典型体现。

从波动光学的角度来看,光的衍射可以根据惠更斯-菲涅耳原理进行解释。如图 1-13 所示,当光波经过障碍物时,障碍物边缘上每一点都可看作子波的波源,每个子波之间可以看作相干光源,空间中每一点的光强可以看作各个子波在该点的相干叠加。因此,光的衍射可以看作无限多束相干光在空间中叠加的结果。

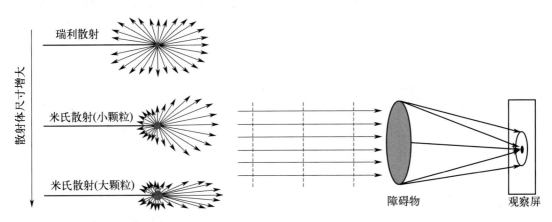

图 1-12 米氏散射中光的强度的空间分布　　图 1-13 光衍射的惠更斯-菲涅耳原理

从量子光学的角度来看,光的衍射实际是光量子与材料相互作用过程中动量守恒的结果。材料的"障碍物"结构在倒格子空间中相当于可以提供倒格矢 G。一个具有动量 k_1 的光量子与材料相互作用后的动量 k_2,需满足

$$k_2 = k_1 + G \quad (1\text{-}44)$$

基于以上原理,如图 1-14 所示,我们可以人工设计周期性的"障碍物"结构,为光波动量的调控提供恒定的倒格矢 G,从而调控光波动量朝着特定的方向偏转。这种周期性微结构被称为衍射光栅结构,是光子材料中常见的微结构之一。

1.3.5 光的吸收

材料对光的吸收,其本质是光子-电子/声子的相互作用:能量较低的电子(电子系统)、声子将会吸收光子,使得

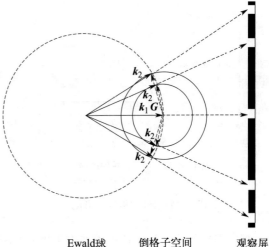

图 1-14 周期性结构中光衍射的动量守恒

自身处于更高的能量状态。

材料对光的吸收是具有选择性的，当波长满足特定的条件时，光的吸收才能发生。根据量子力学的基本原理，材料中电子和声子的能量状态不是连续的，而是分立（离散）的，可能的能量状态称为能级（energy level）。与电子能量状态相关的能级称为电子能级，与声子相关的能级称为振动能级。两个分立的能级间的能量差值称为能隙。只有光波的能量恰好等于两个能级的能隙时，吸收才有可能发生。

无机光子材料常由两部分组成：基体和掺杂剂。它们分别赋予了材料不同的光吸收特性。

1.3.5.1 基体引起的本征吸收

材料基体引起的本征吸收决定了材料光吸收的紫外截止吸收边和红外截止吸收边。其中，紫外截止吸收边与基体电子能级（能带）结构有关，红外截止吸收边与基体材料振动能级结构和载流子的共振吸收有关。

如图 1-15 所示，材料基体是由大量原子（离子）组成的多体系统。大量原子（离子）的电子相互作用，使得电子的能级发生简并，形成准连续分布的能级，称为能带（energy band）。

如果一个能带中所有的能量状态均被占据，则该能带是满带；如果一个能带中所有的能量状态均未被占据，则该能带是空带。如图 1-16 所示，能量状态只被部分占据（即半满带）或者能量最低的能带被称为导带；导带以下的第一个满带被称为价带；两个能带之间不允许有能带存在的能量范围被称为禁带。

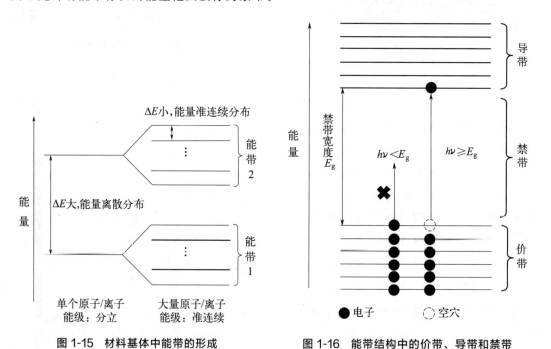

图 1-15 材料基体中能带的形成　　图 1-16 能带结构中的价带、导带和禁带

对于无机光子材料，在电子处于平衡状态时，其电子的能量状态恰好能填满最低的一系列能带，形成价带；导带是空带。当特定波长光子与材料进行相互作用时，这种平衡状态将被打破。当作用波长对应的能量大于导带和价带间禁带宽度时，光子将被吸收，价带中的电子被激发到能量更高的导带中。因此，导带和价带间禁带的宽度决定了材料的紫外

截止吸收边。光波长小于紫外截止吸收边的光子将被吸收。

组成材料的原子（离子）每时每刻都在振动。同样，根据量子力学的基本原理，材料系统中允许的原子（离子）振动的模式也是分立，不同的振动模式对应不同的能量状态和振动频率，其对应的能量量子为声子。当光波频率与材料声子频率接近时，会发生共振吸收现象。另一方面，材料（尤其是掺杂型半导体材料）系统中除了声子外还有载流子，当光频率和材料中的载流子（如：电子、空穴）共振频率一致时，也会发生共振吸收。发生在红外波段的共振吸收则决定了材料的红外截止吸收边。

对于大多数的无机光子材料，其紫外截止吸收边在紫外-近紫外波段，红外截止吸收边在中-远红外波段，因此，其在可见光-近红外波段具有良好的光学透明度。表 1-1 所示为常见无机光子材料的紫外与红外截止吸收边。

表 1-1　常见无机光子材料的紫外和红外截止吸收边

材料	紫外截止吸收边/nm	红外截止吸收边/nm
高纯石英玻璃	180	3000
BK7 玻璃	350	2100
蓝宝石晶体(Al_2O_3)	240	3600
ZnS 晶体	400	12000
ZnSe 晶体	500	18000

1.3.5.2　掺杂/缺陷引起的特征吸收

在实际中，天然原因（如：材料组分不纯、制备工艺不佳）或人工原因（特地引入掺杂或缺陷）会导致材料的本征禁带出现额外的电子能级，并导致与掺杂/缺陷相关的光吸收。如图 1-17 所示，按引入能级结构的效果，其类型主要有以下三种：

① 掺杂/缺陷引入额外的受主能级；
② 掺杂/缺陷引入额外的施主能级；
③ 特定元素掺杂引入的一系列特征电子能级。

其中，第一和第二种类型主要针对晶态材料。掺杂/缺陷的引入破坏了晶体材料本征完整的周期性，从而引入额外的电子能级。以半导体晶体材料为例，在材料中掺杂低价态的元素，如在 Si 半导体中引入 B 元素，将引入受主能级；相反，如果在材料中掺杂高价态的元素，如在 Si 半导体中引入 P 元素，将引入施主能级。受主能级和施主能级的引入使得价带-受主能级的电子跃迁以及施主能级-导带的电子跃迁成为可能，并将引起特征的光吸收。

第三种类型主要指在材料中掺杂稀土离子（Er^{3+}、Yb^{3+}、Nd^{3+}）或过渡金属离子（如：Ni^{3+}、Cr^{3+} 等）。该类离子具

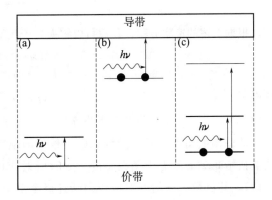

图 1-17　掺杂对能级结构的影响：（a）引入受主能级；（b）引入施主能级；（c）引入一系列特征电子能级

有独特的 f 电子和 d 电子结构，能在材料的价带和导带之间引入一系列与 f 电子以及 d 电子跃迁有关的能级，并导致特征的光吸收。

1.3.6 光的发射

若材料中电子都处于能量最低的状态，则称其处于基态。基态是一种热力学平衡状态，可以长时间保持稳定。材料中的电子因光吸收等原因吸收能量而发生跃迁，被激发到更高的能级状态，称为激发态。而激发态是热力学的非平衡状态，无法长时间保持稳定，系统将自发地以某种方式释放能量。

材料释放能量的方式分为非辐射跃迁和辐射跃迁。非辐射跃迁指处于较高能级的电子不以辐射光子的形式跃迁至较低能级，典型的方式有电子将能量转移至声子，以材料发热的形式耗散能量。而辐射跃迁则指高能级的电子以辐射光子的形式跃迁至较低能级，表现为光的发射。实现光的可调控发射是光子材料的主要功能之一。

对于光的发射，发射光的寿命、中心波长、光谱宽度，以及光发射的效率是我们所关心的四大参量。

1.3.6.1 辐射跃迁的概率与寿命

材料的光发射来源于电子辐射跃迁，那么处于激发态的电子在多久之后才会辐射跃迁至低能级并发射光子呢（此处，我们假设这个电子仅会通过发射光子的形式释放能量）？由于电子的辐射跃迁是一个量子事件，根据量子力学的不确定性原理，单独一个处于激发态的电子在任意时刻是否会发生辐射跃迁是完全不确定的（即处于发生辐射跃迁与不发生辐射跃迁的叠加态）。为了描述这种时间依赖的辐射跃迁的特性，我们采取统计的方法，统计材料中大量电子发生辐射跃迁的情况，从概率的角度研究激发态的电子是否会发生辐射跃迁。

考虑一个最简单的两能级结构，我们假设在单位时间内一个处于激发态的电子会发生辐射跃迁的概率为 W，在 t 时刻有 $N(t)$ 个电子处于激发态。在任意 t 时刻，激发态电子数量因辐射跃迁而减少的速率方程为

$$-\frac{\mathrm{d}N(t)}{\mathrm{d}t}=N(t)W \tag{1-45}$$

根据上述的速率方程，我们可以解得处于激发态的电子的数量 N 随时间 t 变化的形式为

$$-\int\frac{\mathrm{d}N(t)}{N(t)}=\int W\mathrm{d}t \tag{1-46}$$

解得

$$N(t)=N_0\mathrm{e}^{-Wt} \tag{1-47}$$

式中 N_0——$t=0$ 时刻处于激发态的电子数量。

从概率的角度来看，激发态电子数量因辐射跃迁而呈指数式衰减。激发态电子数量衰减至初始时刻激发态电子数量的 $1/\mathrm{e}$ 时所对应的时间 $t=\tau$（被称为激发态寿命或者荧光寿命），其倒数 $1/\tau$ 恰好对应辐射跃迁概率 W，因此 τ 参量是反映辐射跃迁概率的十分重要的物理参量。由于单位时间内光子发射数量正比于该时刻的激发态电子数，因此我们可以通过光电探测器记录时间依赖的发射光的强度，并通过指数拟合，计算出发射光强度衰减为最高强度的 $1/\mathrm{e}$ 时对应的时间，即为 τ。

1.3.6.2 光发射波长与光谱谱宽

材料中光的发射来源于电子从高能级向低能级的辐射跃迁，因此，发射光的波长取决于发生辐射跃迁的两个能级间的能量差：

$$\lambda = \frac{hc}{\Delta E} \tag{1-48}$$

式中 λ——发射光的波长；
h——普朗克常量；
ΔE——两个能级间的能量差。

因此，调控材料发射光波长的关键在于调控跃迁能级间的能量差。

如果两个能级所对应的能量数值都是唯一确定的，那么辐射跃迁所发射的光子应该只有一种波长，即光谱是无限窄的。但事实上，我们所观察到的材料的发射光谱总是有一定谱宽的，造成这种光谱宽化的原因有二：①量子力学不确定性原理决定的能级能量的非唯一确定性；②材料局域环境引起的光谱展宽。

(1) 能级能量不确定性引起的光谱展宽

在 1.3.6.1 节中，我们讨论了单独一个激发态电子在任意时刻是否会发生辐射跃迁是不确定的。同理，单独一个激发态电子对应的能级的能量大小也是不确定的。因此，单个激发态电子发生辐射跃迁时所发射的光子的波长也是不确定的。材料中光的发射是大量激发态电子辐射跃迁的宏观表现，探测器测量所得的光谱所对应的光谱带宽是激发态电子能级能量大小不确定性的体现。

值得注意的是，能级的能量和在该能级停留时间在量子力学中是一对共轭物理量，二者的不确定性的乘积为常数。因此，激发态寿命越短（时间不确定性越小），则能级的能量不确定性越高，辐射跃迁所导致的光谱的本征谱宽越宽。

(2) 材料局域环境引起的光谱展宽

发光中心由于能级能量不确定性引起的本征谱宽是很窄的（$10^{-5} \sim 10^{-3}$ nm 量级）。而我们实际在无机光子材料中所测得的发射光谱的谱宽远比本征谱宽要宽得多。这是由于无机光子材料中的发光中心并非处于一个完全孤立的真空系统，材料的局域环境也将影响其光谱的谱宽。这种由材料局域环境引起的光谱展宽又进一步分为均匀展宽和非均匀展宽。

假设所有的发光中心都处于相同的局域环境，所有发光中心完全等效，这种由完全相同的局域环境引起的光谱展宽称为均匀展宽。均匀展宽主要是由电子-声子相互作用引起的。电子-声子相互作用会导致激发态寿命变短，根据不确定性原理，寿命变短将引起谱宽的增宽。

而在不同的局域环境中，发光中心所对应的能级结构差别较大（尤其是过渡金属离子），因此发光中心在不同的局域环境中所发射的光的波长也有所区别。材料的光发射是材料内部大量发光中心发射光的一个统计学结果，当材料中存在大量的非等效局域环境时，不同环境的发光中心发射不同波长的光波，整体上看自然表现出光谱的拓宽。这种由不同局域环境引起的光谱展宽则被称为非均匀展宽。非均匀展宽也是实现光谱大幅度展宽的主要方法。

1.3.6.3 光发射效率

材料中光发射的效率也是我们所关心的重要物理参量之一。我们常用物理参量量子效率作为衡量材料光发射能力的指标。量子效率又分为内量子效率和外量子效率。

对于光致激发的光发射过程（即通过光激发使得电子进入激发态），其内量子效率 $\eta_{内}$ 和外量子效率 $\eta_{外}$ 的计算方法为

$$\eta_{内}=\frac{产生光子数}{吸收光子数} \tag{1-49}$$

$$\eta_{外}=\frac{发射光子数}{吸收光子数} \tag{1-50}$$

对于电致激发的光发射过程（即通过注入电子的方法使得电子进入激发态），其内量子效率 $\eta_{内}$ 和外量子效率 $\eta_{外}$ 的计算方法为

$$\eta_{内}=\frac{产生光子数}{注入电子数} \tag{1-51}$$

$$\eta_{外}=\frac{发射光子数}{注入电子数} \tag{1-52}$$

对于材料光发射的具体行为与过程，以及不同类型光发射过程中所发射光子的特点，将在第 2 章做更细致的介绍。

1.3.7　光与物质的非线性相互作用

上文所述的各种光与物质相互作用现象均为线性相互作用过程，与物质作用的光波所对应的电场强度远远低于组成材料的原子或分子的电场强度，因此这种光也被称为"弱光"。在弱光的作用下，材料原子或分子产生的极化强度 $P_{极化}$ 与光波所对应的电场强度 E 成正比，即

$$P_{极化}=\varepsilon_0 \chi^{(1)} E \tag{1-53}$$

式中　ε_0——真空介电常数；
　　　$\chi^{(1)}$——线性极化系数。

当与物质作用的光波强度与组成材料的原子或分子的电场强度可比拟时，称为强光。在强光的作用下，材料原子或分子产生的极化强度 $P_{极化}$ 与光波所对应的电场强度 E 不再简单成正比关系，还可能与光波电场强度的平方、三次方等有关：

$$P_{极化}=\varepsilon_0[\chi^{(1)}E+\chi^{(2)}E^2+\chi^{(3)}E^3+\cdots] \tag{1-54}$$

式中　$\chi^{(n)}$——$n(n\geqslant 2)$ 阶非线性极化系数。

强光所诱导的非线性极化同时也将反过来影响强光的特性，可实现光的特征物理参量的调制。而对于各种特殊的光与物质非线性相互作用的物理现象，将在第 4 章做更详细的介绍。

习　题

1.1　请写出在真空中，沿着一维方向传播、波长为 λ 的平面波的余弦函数形式和指数形式的波函数，并分别证明其满足真空中电磁波的波动方程。

1.2　光主要有哪些特征物理参量？

1.3　紫外光、可见光和红外光分别在哪个波长范围？可见光中"红橙黄绿青蓝紫"分别对应什么波长的光波？

1.4　光波按偏振态主要分为哪些类型？

1.5　请证明对于光的反射，惠更斯原理和几何光学所对应的结果一致。

1.6　材料要满足何种条件，其在可见光波段才能具有较高的透明度？

2

无机光子产生材料

激光具有极好的单色性、方向性和相干性，被认为是"20 世纪继核能、半导体和计算机后又一重要发明"。1960 年，美国物理学家梅曼首次利用 Cr 掺杂 α-Al_2O_3 晶体（红宝石）实现了激光的输出，开启了光学与光子学领域的新时代。20 世纪以来，除了红宝石晶体外，研究者开发了一系列新型光子产生材料，并利用这些材料实现了不同波长、不同形式的激光输出。在精细制造、生物医疗、军事国防等重要领域发挥着不可替代的作用。

在本章中，我们将讨论光子产生材料中激光产生的基本原理、新型无机光子产生材料类型及特点，以及这类材料在前沿领域中的应用。

2.1 激光原理

激光的英文为 laser，本意为通过受激辐射过程实现光放大（light amplification by stimulated emission of radiation），其很好地概括了激光产生的原理。在本节中，我们将介绍光子产生材料的受激辐射过程，并阐述如何利用光子产生材料的受激辐射过程实现激光的输出。

2.1.1 原子发光机理及光的自发辐射与受激辐射

如果我们考虑在室温下的一组原子，原子中所有的电子基本上都处于基态，当外界以电激发、光激发或粒子碰撞等形式将能量施加于原子时，那么外层电子（即量子数最高的电子）将被"泵浦"到激发态对应能级。而当移除外界泵浦源时，这些被激发的电子最终衰减至基态，这种能量变化的过程称为跃迁。这类跃迁存在三种类型，即吸收、自发辐射和受激辐射。本小节将简要介绍原子发光机理、自发辐射与受激辐射。

2.1.1.1 原子发光机理

宇宙中的物质皆由最基本的分子、原子等单元构成。1913 年，丹麦物理学家玻尔提出了原子结构假说，原子结构假说认为围绕原子核运动的电子轨道半径只能取某些离散的数值，这种现象叫轨道的量子化。不同的轨道对应着不同的状态，在这些状态中，尽管电子在做高速运动，但不向外辐射能量，因而这些状态是稳定的。原子在不同的状态下有着不同的能量，所以原子的能量也是量子化的，这些能量值就是能级。原子发光机理涉及电子能级跃迁和辐射过程，即：当原子受到外界能量激励时，电子吸收这部分能量从低能级跃迁至高能级；同理，电子从高能级跃迁回低能级的过程中会以辐射出光子的形式释放能量。

根据能量守恒定律，原子能量并非凭空产生或消失。换言之，在适当的外部激励下，比如在光的照射（这种能量输入还可以来自多种途径，如热传导、电磁辐射或碰撞）下，电子能够吸收光子能量并跃迁到更高的能级。同样地，当原子中的电子从高能级向低能级转变时，会通过辐射出与能级差能量相等的光子来保持能量守恒。这是原子发光的基本原理。

处于高能级的电子会经历自发跃迁或受激跃迁。在自发跃迁中，电子在没有外部干预的情况下自发地从高能级退回到低能级，并释放出光子。由于原子中的电子拥有不同的能级结构，不同能级之间的跃迁会产生不同频率的光子。这导致原子发射的光具有一定的频谱特征，形成光谱线。

2.1.1.2 自发辐射

德国科学家普朗克于1900年用辐射量子化假设成功地解释了黑体辐射分布规律，丹麦物理学家玻尔在1913年提出原子中电子运动状态量子化假设。在此基础上，1917年，爱因斯坦从光量子概念出发，重新推导了黑体辐射的普朗克公式，并在推导中提出了两个极为重要的概念：自发辐射和受激辐射。在理解自发辐射和受激辐射之前，需要先理解受激吸收的概念，具体过程如图2-1所示。处于低能级 E_1 的电子在受到能量满足 $h\nu = E_2 - E_1$ 的外界入射光子激励时，吸收该光子的能量 $h\nu$ 并向高能级 E_2 跃迁，这一过程称为受激吸收。处于低能级 E_1 的电子跃迁到高能级 E_2，在经过一段时间弛豫后，处于高能级 E_2 的电子自发地向基态或更低能级 E_1 跃迁，并发射出一个能量为 $h\nu = E_2 - E_1$ 的光子。因为这一跃迁过程是在无任何外部激励情况下发生的自然过程，因此被称为自发辐射。

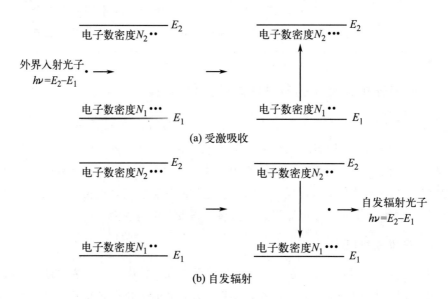

图 2-1　能级 E_2 和 E_1 之间的受激吸收与自发辐射

对于该过程中能级 E_2 的电子数密度随时间 t 的变化情况，可用一简单的方程表示：

$$\frac{dN_2}{dt} = -A_{21}N_2 \tag{2-1}$$

式中　N_2——高能级 E_2 的电子数密度；

　　　A_{21}——单位时间内发生自发辐射跃迁的电子数密度占 E_2 能级总电子数密度的比例（百分比），也被称为辐射跃迁速率或辐射跃迁概率。

式(2-1)的解可以表示为

$$N_2 = N_2^0 e^{-A_{21}t} \tag{2-2}$$

式中　N_2^0——施加外界激励时 E_2 能级初始电子数密度。

该方程表明能级 E_2 中电子数密度以速率 A_{21} 呈指数式衰减。

若当自发辐射跃迁持续 τ_2 时间时，高能级电子数密度 N_2 与初始电子数密度 N_2^0 的比值等于 $1/e$，则式(2-2)可改写为

$$N_2 = N_2^0 e^{-t/\tau_2} \tag{2-3}$$

从中可以看到当 $t=\tau_2$ 时，电子数密度变为初始值的 $1/e$ 倍。时间 τ_2 也定义为能级 E_2 的能级寿命。结合式(2-2)与式(2-3)，可以得出 $1/\tau_2 = A_{21}$。

自发辐射只与原子本身性质有关，与外界激励的作用无关。依据经典原子模型，原子可看作简谐运动的电偶极子，而自发辐射是原子中电子的自发阻尼振荡；各个原子的辐射都是自发、独立进行的，因而各光子的初始相位、传播方向和振动方向等都是随机的、非相干的。

2.1.1.3　受激辐射

2.1.1.2节提到电子从高能级跃迁到低能级的过程会伴随着能量的消失，这个过程中电子在没有外部干预的情况下，自发地从高能级返回到低能级，释放出光子，被称为自发辐射。与该过程不同，受激辐射则是原子或分子在受到外部辐射激励后，能够以同样频率和相位辐射的过程。

爱因斯坦的理论表明，当处于高能级的电子受到与其能级差值相等的外部激励时，它会跃迁回低能级，并以与入射激励相同的频率、相位和方向发射出一个光子。与图2-1中的自发辐射过程不同，处于激发态上能级 E_2 的电子在能量满足 $h\nu = E_2 - E_1$ 外界激励作用下跃迁至低能级 E_1，即原子中电子在外加光场的作用下受迫振动，发射出能量为 $h\nu = E_2 - E_1$ 的光子，该过程定义为受激辐射。所辐射出的光子与外界入射光子具有相同的能量、频率、传播方向、相位和偏振态，这是受激辐射与自发辐射最重要的区别，这也是实现激光输出的重要前提。该过程可由图2-2表示。

这一过程可由受激辐射概率 W_{21} 表示：

$$W_{21} = -\frac{1}{N_2} \times \frac{dN_2}{dt} \tag{2-4}$$

受激辐射的跃迁概率不仅与原子本身的性质有关，还与外来入射光子的单色能量密度 ρ_ν 成正比，即

$$W_{21} = B_{21}\rho_\nu \tag{2-5}$$

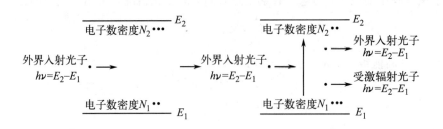

图 2-2 能级 E_2 和 E_1 之间的受激辐射

式中 B_{21}——受激辐射跃迁爱因斯坦系数；

ρ_ν——外来入射光子的单色能量密度。

B_{21} 与原子本身性质有关，表征原子在外来激励作用下产生 E_2 到 E_1 受激辐射跃迁的能力。单色能量密度 ρ_ν 单位为 $J/(m^3 \cdot s)$，定义为在单位体积的辐射场内，频率 ν 附近的单位频率间隔中的辐射能量。

爱因斯坦的受激辐射理论为后来激光技术的发展奠定了重要的基础。通过外部激励，将增益介质中大量原子或分子置于受激辐射的状态，并在相同频率的光子作用下引入一个光学谐振腔，可以实现光的放大和反射，从而产生激光束。

2.1.2 激光的产生

激光的本质是光的受激辐射放大（light amplification by stimulated emission of radiation），因其英文缩写为 laser，所以激光也被称为镭射。世界上第一台红宝石激光器于 1960 年被美国物理学家梅曼成功制造。激光具有单色性好、亮度高、相干性强和方向性优良等特点。凭借这些优异的特性，激光被广泛研究，激光理论、技术和应用均取得巨大进展。同时，光与物质的相互作用也展现出各种神奇特性，并催生出诸多新兴学科，如非线性光学、变换光学、信息存储技术和激光生物学等。

2.1.2.1 激光产生原理

激光的产生通常需要满足三个条件：粒子数反转、谐振腔反馈以及达到激光输出阈值。首先，通过外部泵浦源提供能量来激活激光增益介质，使其内部原子或分子处于激发态并建立粒子数的反转；接着，在增益介质内部形成受激辐射，导致原子或分子跃迁并释放光子；最后，在谐振腔内反馈，使光子在介质中反复传播、增强，并使得增益光子数大于损耗数，最终形成具有高度相干性和单色性质的激光束。

以如图 2-3 所示红宝石激光器为例：氙闪光灯作为泵浦源，增益介质为红宝石晶体，谐振腔由两块不同类型的反射镜组成。泵浦源、增益介质与谐振腔被称为组成激光器的三要素，下面将对此做详细介绍。

2.1.2.2 激光增益介质

对光放大起着至关重要作用的物质称为激光增益介质。增益介质是激光器中用于放大光的材料，它通过粒子数反转和受激辐射的过程来放大光。

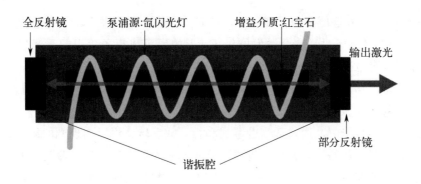

图 2-3 红宝石激光器

要想实现光放大，就需要让足够多的原子或分子处于激发状态，并受到相同频率的外部辐射，它们就会同时进行受激辐射，从而产生许多相干的、具有与外部辐射相同频率、相位和方向的光子。但在此过程中，必须确保增益介质中大部分原子处于 E_2 能级，否则，入射光子将被 E_1 能级原子吸收。由玻尔兹曼统计分布规律可知，在正常热平衡条件下大多数原子处于 E_1 能级，只有少数处于 E_2 能级。因此，普通的双能级系统无法满足 E_2 能级原子数大于 E_1 能级原子数，从而实现受激辐射这一要求。如果我们可以增加一个能级，使得 E_2 能级原子能够存在足够久，那么就可能导致 E_2 能级原子数大于 E_1 能级原子数，从而实现粒子数的反转（把 E_2 能级原子数大于 E_1 能级原子数的现象称为粒子数反转或集居数反转）。

假设一增益介质中存在这样一个三能级系统，它拥有能级 E_1、E_2 和 E_3，分别对应着原子或离子的不同能量状态。我们可以用图 2-4 来描述这个三能级系统，其中能级 E_1 是基态能级，能级 E_3 被称为泵浦能级。当系统中的原子或离子处于能级 E_1 时，它们可以被外部光激发到能级 E_3，这个过程称为泵浦，泵浦源的能量为 $h\nu = E_3 - E_1$。一旦原子或离子跃迁到能级 E_3，它们会迅速衰减到能级 E_2，并以声子（晶格振动）的形式释放部分能量。由于能级 E_3 的寿命较短，处于能级 E_2 的原子或离子数量会迅速增加，并且处于 E_2 能级的原子寿命非常长。能级 E_2 上的原子或离子不会迅速衰减到能级 E_1，因此

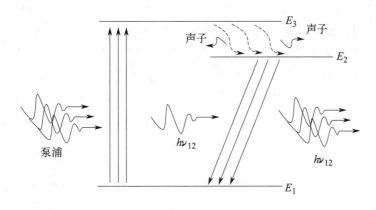

图 2-4 三能级系统

会积累在能级 E_2 上,这便实现了能级 E_2 和 E_1 之间的粒子数反转。当系统中存在能量为 $h\nu_{12}=E_2-E_1$ 的光子时,它会激发能级 E_2 上的原子或离子,引起受激辐射。受激辐射产生的光子自身也可以进一步激发受激辐射,从而导致光子的雪崩式增加,产生相干光子。当泵浦能量足够大时,大量原子或离子被泵浦到能级 E_2,并快速衰减到能级 E_1,实现了光子放大的过程。

在上述三能级系统中,通过适当的泵浦和粒子数反转,可以实现光的放大,从而产生激光,这是激光器工作的基本原理。世界上第一台激光器——红宝石激光器便属于三能级系统。三能级系统存在一个主要问题:为了实现粒子数的反转,需要至少一半的原子先泵浦到 E_2 能级,这样做需要更大的激励和更长的时间。如果从激励一开始就能实现粒子数反转,则可以事半功倍。如图 2-5 所示的四能级系统,可以很好地解决这个问题。

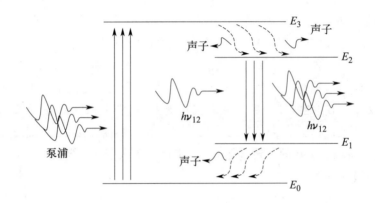

图 2-5　四能级系统

以增益介质 Nd^{3+}:YAG(掺钕的钇铝石榴石)为例,在平衡状态下处于不同能级的离子数服从玻尔兹曼分布,几乎所有的离子都位于 E_0 能级。光泵浦激发位于 E_0 能级的离子跃迁至 E_3 能级。E_3 能级的离子以声子辐射的形式迅速衰减到 E_2 能级,E_2 能级离子处于长寿命状态,达到了毫秒级。也就是说,E_2 能级到 E_1 能级离子的自发衰减很慢。很明显,一旦离子开始被泵浦,转移累积到 E_2 能级时,就会产生 E_2 和 E_1 能级间的粒子数反转。因为 E_1 能级的离子数在一开始几乎为零,所以当 E_2 能级的离子衰减到 E_1 能级时,受激辐射发射激光输出。然后,E_1 能级的离子通过辐射声子(某些情况下发出自发辐射光子)返回到 E_0 能级。同样需要 E_1 能级的离子快速衰减到 E_0 能级,以避免离子累积在 E_1 能级处,从而使更多的离子返回到 E_0 能级并重新泵浦。如果 E_1 能级和 E_0 能级只相差几个 $k_B T$ 的能量,那么该四能级系统的性能与图 2-4 中的三能级系统相似。

如图 2-5 所示的四能级系统是大多数实用激光器极好的实现方式。现代大部分激光器都基于四能级系统或者类四能级系统。例如,Nd^{3+}:YAG 激光器中,通过闪光灯或激光二极管(LD)泵浦,Nd^{3+} 离子受激励跃迁到 E_3 能级,并迅速衰减到激光上能级 E_2。E_2 能级离子寿命约是 $250\mu s$。激光下能级为 E_1 能级。E_2 能级到 E_1 能级的激光辐射为波长 1064nm 的红外光。

2.1.2.3 泵浦源与光学谐振腔

泵浦源是为激光器工作提供所需能量的装置，可以将大量的光能或者电能转化为激光器所需的激发能量。

常见的泵浦方式包括光学泵浦和电子泵浦，如闪光灯泵浦、二极管激光器泵浦、电子束泵浦等。闪光灯泵浦源使用短脉冲的弧光灯或氙气闪光灯，可以在微秒级别时间内提供高能量的光子束，适用于波长较长的固体激光器；高功率二极管激光器泵浦源可以在纳秒到毫秒级别时间内提供高功率密度的激光束，适用于波长较短的固体激光器和光纤激光器；电子束泵浦源使用电子束轰击增益介质，使其处于激发态，从而产生特定波长的激光束，适用于气体激光器和一些固体激光器。

由于光子越多，激励的受激辐射就越大，因此可以通过增加光子数来增加受激辐射强度。但单一地增加泵浦能量并不总是能够线性地提高激光输出效率，这是因为激光器的输出受到其他因素的限制，如饱和效应、光学损耗、温度效应等。这就需要提供一个光学谐振腔，如果腔内的光子能够在腔内增益介质中反复地进行往返运动且不被原子吸收，那么腔内的轴向光子模式就会不断增强，从而获得极高的光子简并度，最终形成激光的输出，这便是激光器的基本概念。

光学谐振腔通常由两块反射镜（一块全反射镜，一块部分反射镜）组成。它的作用是选择特定频率和方向的光进行最优先放大，并抑制其他频率和方向的光。谐振腔限制了电磁场的传播范围，在空间有限范围内约束了电磁场的存在，这些被约束的电磁场仅存在于一系列离散的本征状态中，通常称为腔的模式。

在光学谐振腔中并不是理想地无限放大光子数，其中存在着损耗，主要来源包括几何偏转损耗、衍射损耗、腔内反射不完全引起的损耗，以及材料中的非激活吸收和散射引起的损耗。这些损耗通常使用平均单程损耗因子进行定量描述。

根据组成谐振腔的两块反射镜的形状和相对位置，光学谐振腔可以分为平行平面腔、平凹腔、对称凹面腔、凸面腔等不同类型。

根据稳定性来分类，光学谐振腔可以分为三种：

第一种是稳定腔，其中的光线经过多次往返而不会逸出腔外。稳定腔包括对称共焦腔、满足一定参数条件的双凹腔和平凹腔，这些稳定腔容易产生振荡，具有较低的损耗并能持续稳定地输出光束。

第二种是非稳腔，其中的光线在有限次往返后逸出腔外。这类腔通常具有较高的几何损耗，常用于大功率激光器。常见的非稳腔包括双凸腔和平凸腔。

第三种是临界腔，临界腔包括平行平面腔、共心腔等。临界腔介于稳定腔和非稳腔之间，是一种极限情况。以平行平面腔为例，腔内沿轴线方向的光线能够无限次往返而不逸出腔体，但沿着非轴线方向的光线在有限次往返后从侧面逸出，这两种特性恰好体现了稳定腔和非稳腔的特点。

2.1.2.4 激光的特性

正如前几节所述，激光源自受激辐射，因而具有与普通光源大不相同的特性，其中包括高单向性、高单色性、高亮度和相干性好等特点。

(1) 高单向性

普通光源例如荧光光源,其发射的能量分布于 4π 立体角内,遍布空间四面八方,而激光基于受激辐射理论和谐振腔的方向选择作用沿直线传输,其能量汇聚于传播方向上,发散角一般为 $10^{-5} \sim 10^{-8}$ 球面度。地球离月球的距离约 38 万 km,若向月球分别发出激光和探照灯光束,激光在月球表面的光斑直径不到 2km,而看似平行的探照灯光束在月球的光斑直径将扩大至 1000km 以上。

(2) 高单色性

通常基于谱线宽度衡量光源单色性。谱线宽度(简称线宽)可以用频率(单位:Hz)表示,也可以用长度(单位:nm)表示,换算关系如下:

$$\Delta \nu = \frac{c}{\lambda^2} \Delta \lambda \tag{2-6}$$

式中 $\Delta \nu$——以 Hz 为单位表示的线宽;

$\Delta \lambda$——以 nm 为单位表示的线宽;

λ——激光中心波长;

c——真空中光速。

普通光源发射的光子,在频率上是各不相同的,光波长覆盖范围较宽,包含各种颜色,其中单色性最好的氪灯的谱线宽度为 4.7×10^{-3} nm。与之相反,激光器发出的光波长分布范围较窄,因此颜色极纯,目前基于重掺杂磷酸盐光纤的单频激光器输出的谱线宽度仅为 4.8×10^{-9} nm。在材料加工中,不同材料吸收的光谱不同,激光的单色性就能很好地控制吸收深度和分布,可以有选择、有控制地处理材料。而基于单色的窄线宽稳频激光器作为光频计时基准,其在一年内的计时误差不超过 $1\mu s$。

(3) 高亮度

光源亮度定义为光源单位面积发光表面在单位时间内沿单位立体角所发射的能量。普通光源亮度很低,激光的能量集中在单一或几个起振模式中,因而表现出极高的亮度,相较于普通光源高出 $10^{12} \sim 10^{19}$ 倍。

随着国家产业升级和需求升级,高端制造业的发展对激光加工提出了更高要求,这也为高亮度激光器带来了更大的发挥空间。在同等功率条件下,经过相同的光学系统聚焦后,高亮度激光焦点处光斑更小,能量密度更高。因此,高亮度激光在薄板切割时速度更快。除此之外,由于高亮度激光焦点处能量密度极高,在高反射材料切割上有明显优势。

(4) 相干性好

光源的相干性可分为时间相干性和空间相干性。时间相干性可由相干长度表征:相干长度越长,相干时间越长,光源的时间相干性也就越好。普通光源的相干长度短于几厘米,而窄线宽激光的相干长度可达几十甚至几百千米,光学频率梳的光谱宽度虽然达上百纳米,但其光谱中包含的波长线宽极窄,因此同样可达到类似的相干长度。相干长度 Δx 可通过下式计算:

$$\Delta x = \frac{c}{\Delta \nu} \tag{2-7}$$

为便于理解激光所具有的良好的空间相干性，可结合前两小节所述受激辐射的概念和激光产生原理，假设工作物质中处于激发态的电子在一基横模的激励下发生受激辐射，产生的光场与入射基横模光波具有同相位、同频率、同方向和同偏振的特性，即受激辐射产生的光场同样在基横模内，再加之谐振腔的选模作用，使激光束横截面上各点间有固定的相位关系，所以激光具有良好的空间相干性。激光为我们提供了优秀的相干光源，极大地推动了全息技术、激光光谱学、光学任意波形发生等技术的发展。

2.1.2.5 典型的激光器类型

激光器按工作介质分类，可以分为：气体激光器、液体激光器、固体激光器、半导体激光器等。它们都基于激光放大原理，通过激发介质中的原子或分子，使其产生受激辐射，从而实现激光输出。这些激光器都能够输出激光光束，具有多种应用。不过，它们在工作介质、波长范围、输出功率以及结构与尺寸等方面各有差异。气体激光器使用气体作为工作介质，而液体激光器使用液体，固体激光器使用固体材料，半导体激光器则使用半导体材料。不同激光器对应的波长范围各不相同：气体激光器和液体激光器可以在较宽的波长范围内输出激光，而固体激光器和半导体激光器对应的波长范围相对较窄。此外，不同激光器的输出功率也会有所不同：气体激光器和固体激光器通常能够实现较高的功率输出，而液体激光器和半导体激光器的功率相对较低。不同激光器的结构和尺寸也有差异：气体激光器通常较大且需要外部泵浦，固体激光器常见的结构是棒状或片状，半导体激光器则通常较小且集成在芯片上。这些差异决定了它们在不同领域中的适用性和特点，例如：气体激光器和固体激光器通常应用于高功率激光切割、焊接等工业领域，而半导体激光器则广泛应用于光通信、医疗美容等领域。

超快激光器是一种特殊的激光器，它具有产生极短脉冲宽度的能力，通常在飞秒（10^{-15} s）至皮秒（10^{-12} s）的范围内。超快激光器系统一般由光学振荡器和一个或多个放大器构成。首先，光学振荡器通过反复传播和放大光信号来产生稳定的超快激光脉冲。然后，这些脉冲经过放大器放大，以提高激光的功率。

超快激光的产生极其复杂，其中啁啾脉冲放大技术是一种用于产生高能量超短激光脉冲的先进技术。这项技术的发明者莫罗和斯特里克兰因其贡献而获得了2018年的诺贝尔物理学奖。在啁啾脉冲放大技术中，激光脉冲首先被拉长，然后通过放大器进行放大，最后再被压缩回原来的超短脉宽。这种技术可以显著提高激光脉冲的能量，并且保持极短的脉冲宽度，使其成为理想的研究和应用工具。

由于其极短的脉冲宽度，超快激光器在精确的时间测量和控制方面，例如在光学频率计、精密测距和光学钟等领域，发挥着重要作用。在材料科学中，超快激光器可用于研究材料的动力学过程和相变行为。由于脉宽极窄、有着良好的热效应，其在飞秒直写波导、微纳加工领域有着广泛的应用。此外，在生物医学中，超快激光器可用于光学显微镜成像和激光手术等领域。超快激光器领域的研究者们为我们提供了窥探微观世界、实现精密测量和推动科学进步的重要工具。

2.2 激光晶体

根据前面所述激光产生原理的相关内容可知,激光增益介质是实现激光输出的关键部分。激光增益介质的种类非常丰富,主要包括:激光晶体、激光陶瓷、激光玻璃、增益光纤和激光染料等。其中,激光晶体是最早实现激光输出的增益介质;20 世纪 60 年代,美国物理学家梅曼利用红宝石晶体研制出第一台激光器,拉开了激光晶体研究的序幕。本节将对激光晶体进行具体介绍。

2.2.1 激光晶体的定义

激光晶体,顾名思义,是一种晶体材料,它具有晶体所普遍具有的特征,即质点在空间中周期性排列,其一般具有长程有序、熔点固定、对称性高和外形规则等特点。在自然界中存在着各种各样的天然晶体,但其储量较少、纯度不高、较难提取,因此很难直接进行大规模开采加工和利用。随着科学技术的不断发展,各种人工晶体相继被合成,逐步实现了不同程度的应用。

激光晶体由激活离子和晶态基质构成,激活离子均匀分散在晶体基质中(如图 2-6 所示)。基质主要包括各类氧化物、无机盐、氟化物和硫化物等;激活离子主要包括稀土离子(如 Nd^{3+}、Yb^{3+}、Er^{3+}、Tm^{3+}、Ho^{3+}、Dy^{3+}、Ce^{3+} 和 Pr^{3+} 等)和过渡金属离子(如 Ti^{3+}、Cr^{3+} 和 Cr^{4+} 等)。激光晶体的特性由很多因素决定,主要包括激活离子、基质晶格以及它们通过配体场和声子的相互作用。

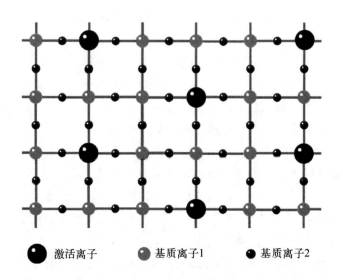

图 2-6 激活离子均匀分散在晶体基质中

激光工作波段是激光晶体重要特征,主要由激活离子决定。根据工作波段的不同,我们对激光晶体进行了汇总,如图 2-7 所示。激光输出特性也与所选用的激光晶体基质有很大的关系,如:Nd^{3+} 离子掺杂的石榴石激光晶体(Nd^{3+}:YAG)可用于产生中高功率激光;Nd^{3+} 离子掺杂的钒酸钇晶体(Nd^{3+}:YVO_4)往往具有阈值低、易实现单模输出等特性。

接下来,我们将进一步介绍几种常见的激光晶体及其相关应用。

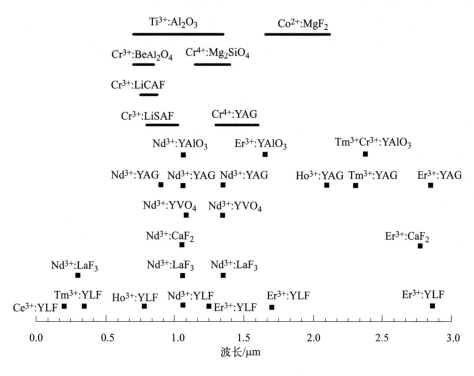

图 2-7 不同工作波段对应的激光晶体

2.2.2 激光晶体的制备方法

目前,激光晶体的生长方法主要包括三大类,即熔体法、溶液法和气相法。其中,熔体法包括提拉法、下降法、焰熔法、区熔法和冷坩埚法;溶液法包括低温(水)溶液法、高温溶液法、水热法与溶剂热法;气相法包括物理气相沉积法、化学气相沉积法、气-液-固法。下面将对几种常见的方法展开介绍。

2.2.2.1 提拉法

提拉法是波兰科学家丘克拉斯基在 1918 年提出的一种晶体生长方法,也是目前制备激光晶体最常用的方法之一,其设备如图 2-8 所示。制备过程主要步骤概括如下:将高纯度的原料放入铱坩埚中加热熔化,调整炉温使熔体上部温度稍高于原料熔融温度,而后在熔体表面接籽晶提拉熔体,通过设置一定的转速和拉拔速率,使籽晶和熔体在交界面上不断进行原子或分子的重新排列,随着温度降低,逐渐凝固而生长出单晶体。因此,在提拉法生长晶体过程中,晶体是在熔体的自由表面处生长,由于不与坩埚直接接触,显著减小了其内部应力并避免了坩埚壁上的寄生成核。

该方法优点如下：

① 方便直接观察晶体生长过程，便于调整工艺条件；

② 使用优质定向籽晶和"缩颈"技术，可减少晶体缺陷，获得所需取向的晶体；

③ 能够以较快的速率生长质量较高的晶体。

目前这种方法已经被应用于生长 $Ti^{3+}:Al_2O_3$、$Yb^{3+}:LuScO_3$、$Nd^{3+}:YAG$、$Nd^{3+}:YVO_4$、$Nd^{3+}:GdVO_4$、$Nd^{3+}:GGG$ 等多种激光晶体。

提拉法也有一定的局限性：熔体的液流作用、传动装置振动和温度波动都会对晶体的质量产生影响。

2.2.2.2 区熔法

美国科学家凯克和戈利于 1952 年首次提出利用区域熔融提炼法（简称区熔法）生长晶体，其设备如图 2-9 所示。制备过程主要步骤如下：将原料进行烧结，压制成合适尺寸的原料棒；固定原料棒垂直移动至热区而熔化，通过控制上下移动速度使熔体通过低温区逐渐冷却生长成晶体；在原料棒和生长的晶体之间有一段熔区，随着熔区的上下移动，逐渐完成了结晶过程。在该方法中，通过控制固液界面的物质以及热量交换过程，从而精确控制晶体生长的过程，较好地避免了杂质的引入，所制备的晶体纯度高。该方法存在的问题是区熔过程的技术控制难度较大。目前该方法主要用于 YAG 晶体、Al_2O_3 晶体和半导体单晶等的制备。

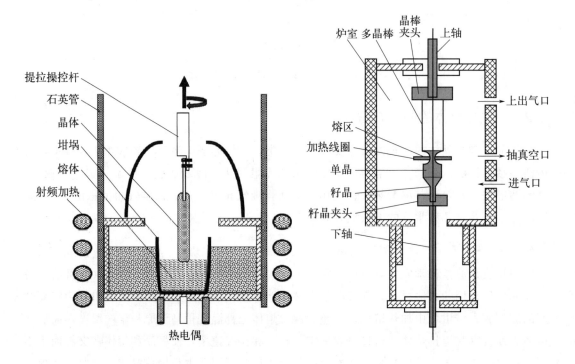

图 2-8 提拉法制备激光晶体　　　　图 2-9 区熔法设备

2.2.2.3 水热法

水热法即利用水热反应，将原料均匀分散在溶剂中，在高压特殊条件下生长出晶体的一种方法。用该方法生长晶体的过程为：将晶体原料置于高压釜底部并填装一定量的溶剂介质，利用高压釜内上下的温差产生对流，从而使高温饱和溶液流动至籽晶区形成过饱和析晶，冷却析出部分溶质的液体继续流下，溶解晶体原料，如此循环往复，使籽晶得以连续不断地长大。由于采用溶液的方式生长晶体，其晶体形貌易于调控，微晶晶相纯度高。该方法具有成本低和合成温度低的特点，可用于生长 $Cr^{3+}:Be_3Al_2Si_6O_{18}$、$Ti^{3+}:Al_2O_3$ 等激光晶体。该方法的局限性是周期长、难以制备大体积晶体（块体），因此规模化生产困难。

2.2.3 常见的激光晶体

2.2.3.1 氧化铝基激光晶体

氧化铝（Al_2O_3）是一类重要的激光基质，它主要有 3 种晶型，即 α-Al_2O_3、β-Al_2O_3 和 γ-Al_2O_3。其中，α-Al_2O_3 是一种优良的激光晶体基质，其晶体结构如图 2-10 所示。α-Al_2O_3 晶体属三方晶系，氧离子配位数为 4，按六方紧密堆积排列；铝离子配位数为 6，位于八面体中心，填充了 2/3 八面体间隙，且互相间距保持最远以符合泡利不相容原理。这种结构使得 α-Al_2O_3 具有很强的结构稳定性。

将 Cr^{3+} 和 Ti^{3+} 掺杂入 α-Al_2O_3 中，即可获得激光晶体。

① Cr^{3+} 掺杂 α-Al_2O_3 晶体，即红宝石晶体，是著名的激光晶体之一，其具有优异的力学性能、导热性、化学稳定性和良好的光学性能，Cr^{3+} 离子掺杂浓度（质量分数）一般为 0.05%。该激光晶体的泵浦吸收带一般位于 400nm 和 550nm 且均具有 50nm 左右的带宽。1960 年，美国物理学家梅曼利用红宝石晶体作为增益介质，用闪光灯作为泵浦源，搭建了第一台红宝石激光器（如图 2-11 所示），首次实现了激光输出，其波长为 694.3nm。红宝石激光器的激光脉冲能量可达 100J，但重复频率较低，因此平均输出功率不高；另外，需要较高能量的泵浦，因此会伴随产生较多的热量，从而影响激光性能。由于红宝石激光器输出的激光具有非常高的单脉冲能量和合适的相干长度，因此它被广泛应用于全息成像和等离子体点密度测量等领域。

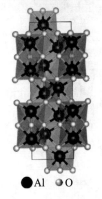

图 2-10　α-Al_2O_3 晶体结构

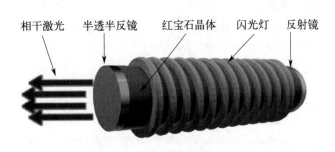

图 2-11　第一台红宝石激光器结构

② Ti^{3+} 掺杂 α-Al_2O_3 晶体，即掺钛蓝宝石，是当下最常见的激光晶体之一。掺钛蓝宝石具有与红宝石相似的物理化学稳定性；与红宝石的 Cr^{3+} 离子掺杂不同，其 Ti^{3+} 离子的掺杂浓度（质量分数）一般为 0.1%，且 Ti^{3+} 离子在 α-Al_2O_3 晶体中具有更宽的发射带宽，其工作波长在 660~1180nm。图 2-12 为掺钛蓝宝石能带图。其中，^2E_g 为 Ti^{3+} 离子激发态能级，$^2T_{2g}$ 为 Ti^{3+} 离子基态能级，R 为 Ti^{3+} 离子与配位离子的间距。由于掺钛蓝宝石的上能级寿命非常短（室温下为 3.8μs），与闪光灯的脉冲宽度不太匹配，因此，商用掺钛蓝宝石激光器的通常泵浦源为连续激光输出的离子激光器或脉冲激光输出的倍频 Nd^{3+}:YAG 激光器、Nd:YLF 激光器。以掺钛蓝宝石作为增益介质的掺钛蓝宝石激光器是当下应用最为广泛的可调谐固体激光器，目前，掺钛蓝宝石激光器已经可以实现功率近 50W 的连续输出，以及持续时间 100fs 太瓦级峰值功率的锁模脉冲输出。掺钛蓝宝石激光器被广泛应用于半导体的红外光谱分析、激光雷达、测距遥感、医疗（如光动力疗法）和高能离子实验（产生短脉冲的 X 射线）等领域。

2.2.3.2 石榴石基激光晶体

石榴石是当下最常见的高功率激光晶体基质之一，可以形成多种无机化合物。石榴石属于立方晶系，其晶体结构如图 2-13 所示（以 YAG 晶体为例），其通式为 $A_3B_2C_3O_{12}$：A 为 Y、Lu、Gd 等原子，占十二面体格位；B 为 Al、Ga、Sc、Fe 等原子，占八面体格位；C 是 Al、Ga 等原子，占四面体格位。该类晶体结构中不同位置的阳离子可以被不同尺寸的离子取代：较大的阳离子常优先占据八配位十二面体空隙位置，较小的阳离子则往往占据四配位四面体空隙位置；三价稀土元素掺杂时，由于其离子半径与 A 处原子大小相近，因而部分取代 A 原子而形成 Re^{3+}:$A_3B_2C_3O_{12}$ 晶体。常见的石榴石晶体包括 YAG 晶体（$Y_3Al_5O_{12}$）、YGG 晶体（$Y_3Ga_5O_{12}$）、YSGG 晶体（$Y_3Sc_2Ga_3O_{12}$）、LuAG 晶体（$Lu_3Al_5O_{12}$）、GGG 晶体（$Gd_3Ga_5O_{12}$）、CNGG 晶体（$Ca_3Nb_2Ga_3O_{12}$）等。

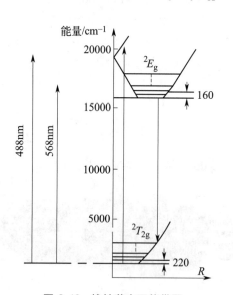

图 2-12 掺钛蓝宝石能带图

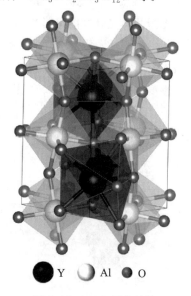

图 2-13 YAG 晶体结构

在石榴石结构晶体领域，关于 YAG 晶体的研究与应用最为广泛，这是因为 YAG 晶体具有热导率高、热膨胀系数适中、力学性能良好和生长工艺成熟等优点。它已经成为 Nd^{3+}、Yb^{3+}、Er^{3+}、Tm^{3+} 和 Ho^{3+} 等稀土离子掺杂最适合的基质材料之一，所形成的稀土掺杂 YAG 晶体具有高增益和激光低阈值等特点。稀土掺杂 YAG 晶体作为激光增益介质已广泛应用于近红外和中红外波段，主要包括 Yb^{3+}:YAG 晶体（应用于 1.0μm 波段）、Nd^{3+}:YAG 晶体（应用于 1.06μm 波段）、Tm^{3+}:YAG 晶体（应用于 1.8~2.0μm 波段）、Er^{3+}:YAG 晶体（应用于 1.5~1.6μm、2.7~3.0μm 波段）和 Ho^{3+}:YAG 晶体（应用于 2.0μm 波段）等。目前，随着对石榴石晶体研究的进一步深入，其在太赫兹激光、被动调 Q 激光、被动锁模激光及激光武器等方面的应用逐渐成为新的研究热点。

2.2.3.3 钒酸盐基激光晶体

钒酸盐晶体具有较好的热学性能、较大双折射率、较宽的透过波段、大的吸收截面和发射截面等，因而被广泛用作激光晶体的基质材料。钒酸盐晶体为锆英石结构，属四方晶系，点群 $D2d$-$2m$，其结构如图 2-14 所示，V^{5+} 离子以四配位的方式填充在四面体空隙。常见的钒酸盐晶体包括 YVO_4、$GdVO_4$ 和 $LuVO_4$ 等。

关于 YVO_4 晶体的研究具有悠久的历史。早在 1928 年，挪威科学家戈德施密特和哈拉登首先合成了该化合物，但晶体的尺寸和质量不能满足激光应用的需要。直到 1966 年，美国科学家鲁宾和范等人利用提拉法制备了高品质的 YVO_4 晶体，为这种晶体的商业化应用打开了大门。稀土离子（Re^{3+}）掺杂入 YVO_4 基质时，由于其离子半径与 Y^{3+} 离子相近，因而取代 Y^{3+} 离子格位而形成 Re^{3+}:YVO_4 晶体。其中，Nd^{3+} 掺杂 YVO_4 形成的 Nd^{3+}:YVO_4 激光晶体，具有大的吸收发射截面和宽光谱，其热导率比 Nd^{3+}:YAG 晶体小得多，因此在低功率、高效激光应用中占主要地位。Nd^{3+} 离子在 YVO_4 晶体中的最大掺杂浓度（原子分数）为 3.2%。但由于熔点高，

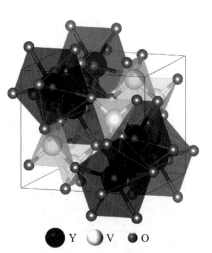

图 2-14 YVO_4 晶体结构

Nd^{3+}:YVO_4 晶体需要在无氧气氛中生长，容易出现色心、夹杂物、亚结构和 Nd^{3+} 浓度分布不均匀等问题。到目前为止，已经有实现了最大功率超过 110W 的连续激光和锁模激光输出的 Nd^{3+}:YVO_4 激光器。需要指出的是，Nd^{3+}:YVO_4 同时也是一种自拉曼激光晶体，目前已经实现了功率 7.9W 黄色激光输出，斜率效率可达 43%。该晶体作为全固态激光器的增益材料受到越来越多的关注。

2.2.3.4 氟化物基激光晶体

氟化物晶体是最早应用于激光晶体的基质材料，该体系声子能量低，因而具有优异的发光效率。CaF_2 是一种典型的氟化物晶体，它硬度高、抗热冲击能力强、在紫外-可见

光-红外宽波段具有良好透过性。CaF_2 晶体结构如图 2-15 所示，属立方晶系，面心立方点阵，空间群为 $Fm3m$。三价离子掺入 CaF_2 晶体时，往往通过电荷补偿的方式，在该三价离子最邻近的间隙位置补充一个 F^- 离子形成复合格位，从而形成相应离子掺杂的 CaF_2 晶体材料，如 $Nd^{3+}:CaF_2$ 晶体、$Ce^{3+}:CaF_2$ 晶体、$Er^{3+}:CaF_2$ 晶体等。1960 年美国科学家索罗金等人首次利用激光二极管泵浦 U^{3+} 掺杂的 CaF_2 晶体实现了 $2\mu m$ 波段的激光输出。随着人们研究的深入，多种氟化物激光晶体被相继开发，目前已实现了从紫外到中红外各波段激光输出：Ce^{3+} 掺杂氟化物晶体实现了高效的紫外激光输出；Pr^{3+}、Tb^{3+} 等离子掺杂的 LaF_3、CaF_2 等晶体实现了可见光激光输出；

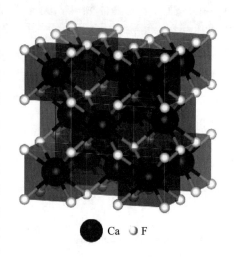

图 2-15 CaF_2 晶体结构

Er^{3+}、Ho^{3+}、Tm^{3+} 等离子掺杂的 YLF 晶体（$LiYF_4$）实现了 $2\mu m$ 波段的大功率、大脉冲能量的激光输出。

另外，氟化物晶体由于具有低声子能量，也被广泛应用于产生上转换激光。一般来说，上转换是一种发射比激发光子能量更高的光子的过程，即通过吸收两个或多个长波长光子的能量，从而发射出较短波长光的过程。稀土离子的上转换过程，其经典的物理机制主要包括两步吸收（TSA）和能量转移上转换（ETU），如图 2-16 所示。

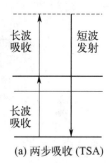 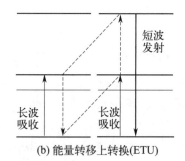

(a) 两步吸收 (TSA)　　(b) 能量转移上转换 (ETU)

图 2-16 稀土离子的上转换机制

自 1971 年美国贝尔实验室利用 $Ho^{3+}/Yb^{3+}:BaY_2F_8$ 晶体首次实现上转换激光以来，上转换激光晶体一直受到广泛关注。表 2-1 列出了常见的蓝绿光上转换激光晶体，可以看出其中大都是氟化物晶体，这是因为氟化物可以降低多声子弛豫非辐射速率。虽然其他卤化物（如氯化物、溴化物等）也具有较低的声子能量和较高的荧光量子产率，但其中大多数体系都极易吸潮，在实际应用中需要特殊保护。因此，氟化物被认为是介于氧化物和较重的卤化物之间的一类优异的上转换激光晶体的基质。

表 2-1 常见的蓝绿光上转换激光晶体

激光晶体	激光波长/nm	物理机制
$Nd^{3+}:LaF_3$	380.1	TSA
$Yb^{3+}/Ho^{3+}:BaY_3F_8$	551.5	ETU
$Er^{3+}:BaY_3F_8$	470.3	ETU
$Yb^{3+}/Tm^{3+}:BaY_3F_8$	455, 510	ETU
$Er^{3+}:YAlO_3$	549.6	TSA
$Tm^{3+}:YAG$	486.2	TSA
$Er^{3+}:LiYF_4$	551.1	ETU, TSA
$Tm^{3+}:LiYF_4$	483	TSA
$Er^{3+}:KYF_4$	561	TSA

2.2.3.5 硅酸盐基激光晶体

早在 20 世纪 70 年代，硅酸盐晶体就被当作激光晶体的重要基质材料进行了研究。其中，稀土正硅酸盐晶体（Re_2SiO_5）是具有代表性的一类。它的晶体结构如图 2-17 所示（以 YSO 晶体为例），属单斜晶系，具有较低的对称性和较大的声子能量，使得稀土离子掺入时能级劈裂较大，有利于粒子数反转的形成；同时较强的晶体场使跃迁振子强度提高，促进吸收峰和发射峰的展宽，扩大吸收和发射截面，因而其适合作为激光增益材料。

目前常见的稀土正硅酸盐晶体主要有：YSO 晶体（Y_2SiO_5）、GSO 晶体（Gd_2SiO_5）、GSO 晶体（Gd_2SiO_5）、LSO 晶体（La_2SiO_5）和 GYSO 晶体（$GdYSiO_5$）等。Yb^{3+}、Nd^{3+}、Tm^{3+} 等离子掺杂正硅酸盐晶体均已实现了 $1.0\mu m$ 和 $2.0\mu m$ 波长的激光输出。另外，正硅酸盐晶体也具有许多不同的应用场景：$Ce^{3+}:YSO$ 是一种优良的闪烁晶体，有较高的光输出和较快的衰减，可用在高能射线探测领域；$Cr^{4+}:YSO$ 作为可饱和吸收体而用作激光调 Q 开关；$Eu^{3+}:YSO$ 晶体在光存储方面具有优异的性能。

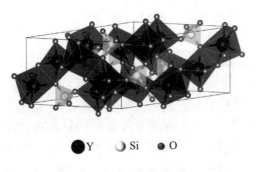

图 2-17 YSO 晶体结构

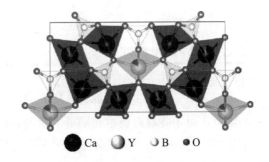

图 2-18 YCOB 晶体结构

2.2.3.6 钙氧硼酸盐基激光晶体

钙氧硼酸盐晶体包括 YCOB 晶体 [$YCa_4O(BO_3)_3$]、GdCOB 晶体 [$GdCa_4O(BO_3)_3$] 等。它的晶体结构如图 2-18 所示，空间群为 Cm，是对称性很低的双轴晶体。该类晶体物理性质、光学性质、光谱学性质以及激光性质等都表现出很强的各向异性，因此该类晶体具有良好的非线性光学效应。在早期研究中,研究人员主要关注它的非线性光学性质,并实现了倍频和三次谐波的输出。后来,人们发现该类晶体中可以掺杂各种稀土离子形成激光晶体,如:Nd^{3+}:GdCOB 激光晶体已经实现 $1.06\mu m$ 波段瓦级激光输出;Yb^{3+}:GdCOB 激光晶体适合铟砷化镓激光二极管泵浦,从而实现 $1.0\mu m$ 波段的全固态激光输出,最高输出功率达 101W。基于其优异的光谱特性,该类晶体已实现自锁模90fs时长的激光输出。

2.2.3.7 钨酸盐基激光晶体

钨酸盐晶体(双金属钨酸盐晶体)结构如图 2-19 所示,属于典型的无序结构晶体。其化学式简式为

$$AT(WO_4)_2$$

式中,A 为 Li^+、Na^+、K^+ 等碱金属离子;T 为三价的 La^{3+}、Lu^{3+}、Gd^{3+} 等稀土离子或铝族元素 Al^{3+}、Ga^{3+}、In^{3+} 等离子。也有些通过 Mo^{6+} 离子取代 W^{6+} 离子形成钼钨酸盐晶体。

目前常见的钨酸盐晶体有:$NaY(WO_4)_2$、$KY(WO_4)_2$、$NaY(Mo_{0.1}W_{0.9}O_4)_2$ 等。由于其独特的结构无序性,可以

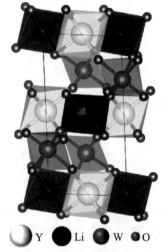

图 2-19 钨酸盐晶体结构

实现高浓度激活离子(Nd^{3+} 和 Yb^{3+})的掺杂,因此具有大的吸收系数,有利于激光二极管的泵浦。另外,该系列激光晶体具有较长的荧光寿命、较高的量子效率和较大的荧光发射截面,因此具有优异的激光性能。目前 Yb^{3+}:$KGd(WO_4)_2$ 晶体已实现瓦级激光输出,斜率效率可达 43%,有望取代 Nd^{3+}:YAG 晶体和 Yb^{3+}:YAG 晶体应用于大功率二极管泵浦激光系统。钨酸盐基激光晶体在高功率、短脉冲飞秒激光等方面具有巨大的应用潜力。

2.3 激光陶瓷

众所周知,许多材料都有杂质和微气孔等缺陷,杂质会吸收光而气孔会对光产生极强的散射。由于普通陶瓷中充满着大量的杂质和微气孔,因此通常陶瓷是不透明的,光线无法从中通过。如果将陶瓷体中的微气孔等缺陷消除,是不是就能获得"透明陶瓷"呢?经过对陶瓷体中缺陷以及陶瓷制备工艺的研究,美国通用电气公司(GE)在 1959 年首次提出陶瓷可以具有透光性;1962 年,美国科学家科布尔首次制备出半透明的氧化铝陶瓷,陶瓷作为激光增益介质有了可能。

2.3.1 激光陶瓷的定义

激光陶瓷是一种作为激光增益介质的透明陶瓷,其主要由透明陶瓷基质以及掺杂的激活离子共同构成,除具有传统陶瓷的典型特性外,兼具晶体和玻璃的优异光学特性。它是

采用陶瓷工艺制备的具有一定透光性的多晶材料。一般多晶陶瓷的不透明性是由非等轴晶系的多晶晶粒在排列取向上的随机性所导致的晶粒间折射系数不连续，以及晶界、气孔等引起的散射等原因所致。在制备陶瓷时，通过采用高纯超细原料、引入合适的添加剂和严格控制制备工艺，就可能制备出激光陶瓷。

2.3.2 激光陶瓷透明性的影响因素

如图2-20所示，当光入射到陶瓷上时会产生一系列的光-物质相互作用，如表面反射以及内部的吸收和散射等。而陶瓷的透明性即指光线透过陶瓷的能力。对于入射强度为 I_0 的光线，通过厚度为 d 的样品后，透射强度 I_{ILT} 可以用式(2-8)表示。

$$I_{ILT} = I_0(1-R)^2 \exp[-(\alpha + S_p + S_b)d] \tag{2-8}$$

式中 R ——反射率；

α ——样品吸收系数；

S_p ——气孔和杂质相所引起的散射系数；

S_b ——晶界引起的散射系数。

S_b 可以进一步分为双折射引起的反射、晶界偏析相引起的散射以及晶界结晶不完整所引起的吸收。可以看出，要使陶瓷的透明性提高，就必须提高透射强度 I_{ILT}，即减少材料的 R、α、S_p 和 S_b。

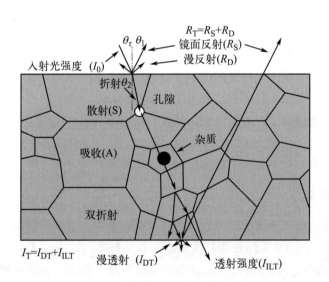

图 2-20　陶瓷中光-物质相互作用

图中括号内的字母仅代表各自的过程，即R（反射）、S（散射）、A（吸收）、I（光强）；

I_T 是指总的穿过陶瓷的光，但由于表面粗糙度的影响，会在表面产生漫透射，会损失一部分光 I_{DT}

材料对光的吸收过程涉及光能向其他形式能量的转变，如分子振动、电子跃迁等；材料在光的散射过程中仅改变光的传播路径以及方向，不涉及能量的变化和能量形式的改变。综上，影响陶瓷透明性的主要因素有杂质和第二相、晶体结构（晶界）、微气孔和表面粗糙度等。

2.3.2.1 杂质和第二相

杂质包括原料或制备工艺中由于污染而引入的杂质、有意掺入的杂质和作为添加剂的杂质离子。对于原料或工艺中由于污染而引入的杂质，如果它们能够溶入基质，部分显色离子可能引起有害的吸收带；而那些不溶解或者溶解度极低的杂质，则将聚集在晶界上，形成不同于主晶相的第二相，并引起较大的界面光损耗。对于有意掺入的杂质，当掺入浓度低于溶解度上限时，稀土掺杂离子成为材料中的光吸收中心，添加剂则进入晶格成为材料的一部分，在构建陶瓷的微结构平衡中发挥重要作用；当掺杂浓度达到或高于溶解度上限时，则将出现第二相，其与主晶相形成界面，且折射率不同于主晶相，从而构成了新的光学散射中心。

2.3.2.2 晶体结构

当光线从一个晶粒进入相邻晶粒时，由于陶瓷中晶粒的取向是随机的，若该晶体具有双折射现象，则将产生界面反射和折射，而且在不同取向晶粒的晶界上还将产生应力双折射。因此，透明陶瓷通常选用具有高对称性的立方晶系材料，如 YAG、Y_2O_3、Sc_2O_3 等。洁净的晶界（即晶界上没有杂质、非晶相和气孔存在，或晶界层非常薄），其光学性质与晶粒内部几乎没有区别，因此也不会成为光散射中心。对于低对称体系，由于双折射效应，通常需要通过织构化使晶粒定向排列，才能获得具有高光学质量的透明陶瓷。

2.3.2.3 微气孔

微气孔是影响陶瓷透光率（即透射强度/入射强度）最重要的因素，由微气孔引起的光学散射损耗远大于晶界区，甚至高于非主晶相和非晶相（玻璃相）等引起的散射损耗。微气孔可以用微气孔体积分数和它们的大小、形状和分布（包括粒径分布）来描述。对于透明陶瓷，常用透光显微镜对规定体积内的微气孔数量和尺寸进行记录，定量测定微气孔体积分数。例如，对于首例 $Nd^{3+}:Y_2O_3$ 陶瓷激光器，其微气孔率仅为 0.33×10^{-6}。透明陶瓷中的微气孔可存在于晶界上和晶粒内部，主要为闭气孔。

2.3.2.4 表面粗糙度

当透明陶瓷进行透光率精确测试或加工成光学元件时，必须对样品进行高精度光学加工。例如，首例 $Nd^{3+}:YAG$ 陶瓷激光器的出光面平整度为 $\lambda/10$（$\lambda=632nm$），端面平行度为 $\pm10''$，表面粗糙度为 $Ra>0.2nm$。由加工引起的表面起伏和划痕导致表面具有较大的粗糙度，即呈微小的凹凸状，光线入射到这种表面上会产生漫反射，严重降低陶瓷的透光率，而且这也可能对样品表面镀制的光学薄膜质量产生很大影响。

2.3.3 激光陶瓷的优势

激光陶瓷作为激光增益介质，相比于晶体和玻璃材料，具备一些特殊的优势。

与晶体相比，有以下优点：

① 容易制备出大尺寸的稀土掺杂激光陶瓷，形状控制方式简单可行；

② 不受稀土元素分凝效应这个限定条件的影响，可获得高浓度稀土离子掺杂并且光

学均匀特性优异的激光陶瓷；

③ 激光陶瓷烧制成本低且周期相对较短；

④ 可实现多功能化，如通过创新制备工艺，在一块激光陶瓷中同时实现激光输出和满足调 Q 功能等。

与玻璃相比，有以下优点：

① 激光陶瓷具有高热导率，可为散热提供便利条件；

② 激光陶瓷的熔点远高于同类玻璃的软化点，以激光陶瓷为工作物质的激光器能承受更高的辐射功率；

③ 输出激光的单色性好；

④ 可实现连续激光输出。

2.3.4 激光陶瓷的制备方法

激光陶瓷的制备方法与一般陶瓷类似，同样由粉体的制备、成型、烧结和后处理（退火、加工和抛光）组成。然而，激光陶瓷有其特殊的工艺要求，特别是对粉体的制备和烧结要求更高。下面将介绍透明陶瓷的五种烧结工艺：热压烧结、热等静压烧结、真空烧结、放电等离子烧结和微波烧结。

2.3.4.1 热压烧结

热压烧结（hot pressure sintering）是在烧结过程中通过同时施加压力和释放热量，使颗粒重排和颗粒接触处产生塑性流动，从而实现高压致密化的一种高压、低应变率的粉末冶金工艺。热压烧结主要用于制造硬脆材料。图 2-21 为典型的热压烧结设备示意图。热压烧结炉主要由炉体、加热器和压力系统等组成。当陶瓷粉末进入烧结炉后，通过加热

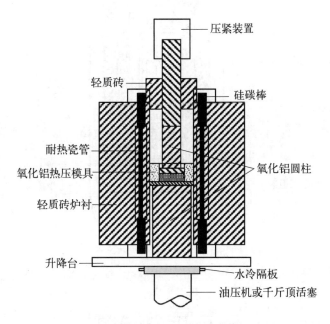

图 2-21 热压烧结设备

器对其进行加热，当达到设定温度后，加压系统开始工作，对粉末进行加压处理。在高温和高压的作用下，粉末之间的空隙逐渐填满，形成致密的固态结构，最终形成具有一定机械强度和化学稳定性的陶瓷。

与通常需要较高烧结温度（>1600℃）的常规烧结工艺不同，热压烧结工艺能够在相对较低的温度下实现所需的致密化，因此又称为低温高压（LTHP）工艺。由于其对温度要求不高，可用于制备纳米陶瓷。高压下的烧结机理与一般环境压力下的完全不同，高压可以抑制晶粒生长并引发塑性变形，从而消除晶粒三叉点中存在的孔隙和附加相。传统的烧结过程是由晶粒生长控制的，用于避免在制备透明陶瓷时晶界之间的缺陷，而低温高压工艺可以在没有明显晶粒生长的情况下致密化纳米级粉末，这成为开发透明陶瓷的关键优势。

2.3.4.2 热等静压烧结

热等静压烧结（hot iso-pressure sintering），以气体做介质，使陶瓷粉体素坯或预烧结体在烧结过程中高温、高压的共同作用下，各向均衡受压，实现陶瓷致密化。图2-22为热等静压烧结设备示意图，该设备配备有一台高压容器，并用高压惰性气体作用于加工件的表面。炉体内的电阻加热炉提供热等静压所需的热量，炉体外的隔热部分用于保护容器壁。

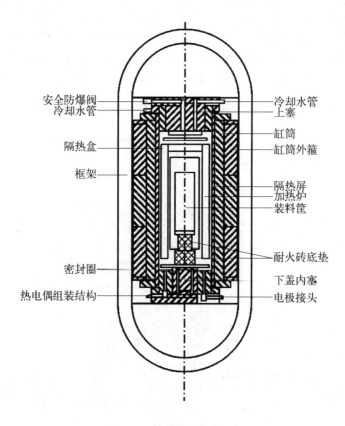

图 2-22　热等静压烧结设备

热等静压烧结与无压烧结和热压烧结相比,具有许多突出的优点:

① 可以直接从粉体制得尺寸大且形状复杂的陶瓷制品;

② 能制备出微观结构均匀且几乎不含气孔的致密陶瓷,显著改善陶瓷的各种性能,尤其是抗高温蠕变性和耐氧化性等;

③ 可以降低烧结温度,并能有效地抑制材料在高温下发生的很多不利变化,例如晶粒的二次再结晶和高温分解等。

热等静压烧结可以很好地控制激光陶瓷的微观结构,如残余孔隙、粒间或粒内孔隙的位置差异。图 2-23 所示为热等静压消除孔隙的微观结构模型:在低预烧结温度下,细小的晶间孔隙被细小的晶粒包围;在高预烧结温度下,随着晶粒的长大,晶间孔隙转变为晶内孔隙;在后续的热等静压工艺中,孔隙很容易被基本去除甚至完全消除。因此,热等静压烧结可用于制备高透明度的激光陶瓷。

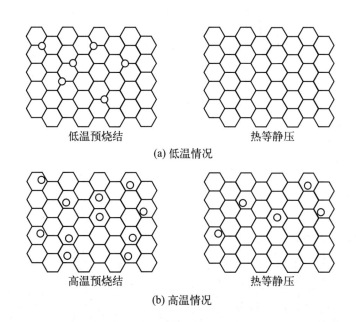

图 2-23 热等静压消除孔隙的微观结构模型

2.3.4.3 真空烧结

真空烧结(vacuum sintering)是一种陶瓷坯体在真空条件下烧结的方法。以氧化物陶瓷为例,其坯体的气孔中含有的水蒸气、氢和氧等气体在烧结过程中借助溶解、扩散过程沿着坯体晶界或通过晶粒气孔逸出。因此,在真空条件下烧结能够获得较大的相对密度,并有利于烧结过程中消除陶瓷中的气孔,提高陶瓷的透明性。

图 2-24 为真空烧结设备结构图。真空烧结的工作过程:将陶瓷放置在炉膛中,然后将炉膛抽成真空状态;接着,通过加热炉膛,使陶瓷达到高温状态,从而进行化学反应和结晶。在烧结过程中,可以通过控制温度、真空度和压力等参数,来控制陶瓷制品的质量和性能。

真空烧结相对于其他烧结工艺而言具有可避免样品氧化、污染的优势,确保烧结质量

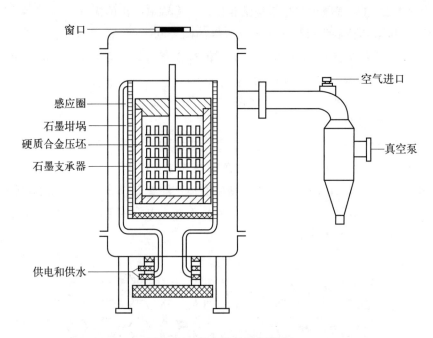

图 2-24 真空烧结设备结构

和稳定性；但也存在着设备成本、运行和维护成本较高以及操作难度较大的问题。

2.3.4.4 放电等离子烧结

放电等离子烧结（spark plasma sintering，SPS）是一种在低温短时间内获得致密、细粒透明陶瓷的新方法。它也被称为场辅助烧结或脉冲电流烧结。SPS 的原理图如图 2-25 所示。SPS 与热压烧结有相似之处，但加热方式完全不同，它是一种利用通-断直流脉冲电流直接通电烧结的加压烧结法。在烧结过程中，电极通入直流脉冲电流时瞬间产生的放电等离子体，使烧结体内部各个颗粒均匀地产生焦耳热并使颗粒表面活化，最后完成烧结过程。SPS 烧结过程可以看作颗粒放电、导电加热和加压综合作用的结果。除加热和加压这两个促进烧结的因素外，在 SPS 技术中，颗粒

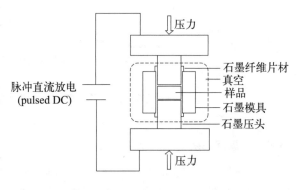

图 2-25 放电等离子烧结（SPS）原理

间的有效放电可产生局部高温，可以使表面局部熔化、表面物质剥落；高温等离子的溅射和放电冲击清除了粉末颗粒表面杂质（如去除表面氧化物等）和吸附的气体。电场的作用是加快扩散过程。

与其他烧结工艺相比，SPS 的工艺优势十分明显：加热均匀、升温速度快、烧结温度低、烧结时间短、生产效率高、产品组织细小均匀，可以得到高致密度的材料。但 SPS

目前主要用于制备较小的样品，要获得更大尺寸的样品，则需要增加设备的多功能性和脉冲电流的容量。

2.3.4.5 微波烧结

微波烧结（microwave sintering）是指基于微波与物质粒子（分子、离子）相互作用，利用材料的介电损耗使样品直接吸收微波能量从而得以加热烧结的一种新型烧结方法。它具有升温速度快、能源利用率高、加热效率高和安全、卫生、无污染等特点，并能提高产品的均匀性和成品率，改善被烧结材料的微观结构和性能。

图 2-26 为微波烧结设备结构图，主要由微波源、加热腔（微波腔）和物料传送系统等组成。当陶瓷进入加热腔后，微波源产生的微波能量通过波导传输到加热腔中，对陶瓷进行整体加热。由于微波的频率与陶瓷的谐振频率相匹配，因此能够高效地将电磁能转化为热能，使陶瓷在短时间内达到烧结温度。

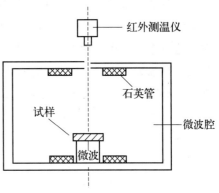

图 2-26　微波烧结设备结构

微波烧结具有能源效率高、反应速度快、烧结速度快、循环时间短和成本低等优点。相比于其他烧结工艺，微波烧结可以在较低的烧结温度下和较短的烧结时间内获得高透明陶瓷。但是微波烧结技术仍然存在一些待解决的问题。例如，对于大尺寸、复杂形状的陶瓷，在烧结过程中很容易出现非均匀加热现象，严重时还会导致陶瓷开裂。其原因主要有：

① 微波场分布不均匀；

② 特有的微波加热现象，如热失控、热点、选择性加热等；

③ 陶瓷本身的原因，如热膨胀系数大、热导率低、形状复杂和尺寸过大等。

解决这些问题可采用混合加热、对原材料进行预处理以及均化能量分配等方法。

2.3.5　常见的激光陶瓷

2.3.5.1　YAG 基激光陶瓷

在现有众多种类的透明陶瓷中，YAG（钇铝石榴石，$Y_3Al_5O_{12}$）是一种极具特色的透明陶瓷。一方面，YAG 中的 Y^{3+} 离子可以被与其离子半径相近的其他稀土离子所取代，稀土离子掺杂 YAG 透明陶瓷也成为其最为成功的应用之一；另一方面，YAG 由于光学性能良好、热导率低、抗高温蠕变性能优异及具有抗氧化等特性，在严苛的化学环境和高温受力场景下能作为光学结构材料使用。以上两方面特性的存在，极大拓宽了 YAG 的应用领域：除了作为激光增益介质应用于陶瓷激光器外，在照明发光等领域也有良好的发展前景。

图 2-27 给出了 Y_2O_3-Al_2O_3 的二元系统相图。一般来讲，YAG 是由 Y_2O_3 和 Al_2O_3 按照 3:5 的化学计量比通过高温反应合成的。Y_2O_3 和 Al_2O_3 除了可以形成 YAG 外，还

存在钙钛矿结构的 1:1 化合物 YAP（YAlO₃）和单斜晶系的 2:1 化合物 YAM（$Y_4Al_2O_9$）。因此，严格控制 Y 和 Al 的化学计量比是制备纯 YAG 相的关键。

YAG 透明陶瓷的制备与传统陶瓷的制备过程类似，也分为粉体合成、坯体成型及陶瓷烧结三个主要步骤。由于透明陶瓷对高透光性的要求，因此相比于其他传统陶瓷，在质量结构上有更严格的要求：接近 100% 的致密度；表面无气孔；晶粒细小且均匀。YAG 纯相粉体的制备便是制备透明陶瓷的重中之重，下面介绍 YAG 粉体的制备过程。

制备 YAG 透明陶瓷需要以 YAG 粉体为原料，粉体的制备方法有固相反应法、沉淀法、燃烧合成法和溶胶-凝胶法等。

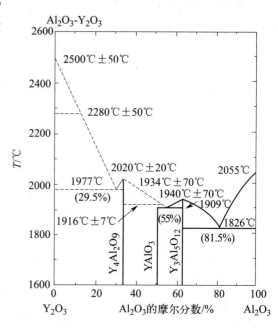

图 2-27 Y_2O_3-Al_2O_3 的二元系统相图

固相反应法是合成 YAG 粉体的传统方法，它是将混合均匀的 Al_2O_3 和 Y_2O_3 粉末在高温下煅烧，通过氧化物之间的固相反应形成 YAG。反应过程如下所示（在高温条件下 Al_2O_3 和 Y_2O_3 反应，依次形成 YAM 和 YAP，最终在 1400～1600℃ 形成 YAG）。

$$2Y_2O_3 + Al_2O_3 \longrightarrow YAM \quad (900～1100℃)$$

$$YAM + Al_2O_3 \longrightarrow 4YAP \quad (1100～1250℃)$$

$$3YAP + Al_2O_3 \longrightarrow YAG \quad (1400～1600℃)$$

固相反应法工艺操作简单，容易实现 YAG 粉体的批量生产，但粉体合成的过程中存在下列问题：

① 粉体合成的产物中除了主晶相 YAG 外，往往还残留着少量中间相 YAM 和 YAP；

② 粉体合成的过程中会经过多次球磨，而球磨过程容易引入杂质并引起晶格缺陷；

③ 高温煅烧会使粉体的烧结活性降低。

沉淀法制备 YAG 粉体主要分共沉淀法和均相沉淀法两种。共沉淀法是在 Y、Al 混合盐溶液中添加沉淀剂（一般使用氨水或碳酸氢铵），使 Y^{3+} 和 Al^{3+} 均匀沉淀，然后将沉淀物进行热分解，得到所需的 YAG 粉体。均相沉淀法与共沉淀法的区别在于前者不外加沉淀剂，而是使沉淀剂（一般采用尿素）在溶液内缓慢生成，消除了沉淀剂的局部不均性。沉淀法由于方法简单、易于精确控制、成本较低、所得的粉体纯度高、粒径小，是制备 YAG 粉体的常用方法。

表 2-2 列出了目前几种 YAG 粉体制备方法的优缺点。就目前的粉体制备工艺而言，固相反应法、共沉淀法是最为成熟的两种粉体制备手段。此外，溶胶-凝胶法、水热反应法和燃烧法等也能合成 YAG 粉体，但这些工艺仍需进一步改进和优化。

表 2-2　YAG 粉体制备方法的优缺点

制备方法	优点	缺点
固相反应法	工艺简单、易于操作	粉体杂质多、易团聚、烧结活性差
共沉淀法	粉体均匀性好、纯度高、设备简单	得到的沉淀有团聚、会发生分层
溶胶-凝胶法	合成温度低、粉体均匀性好、纯度高	工艺复杂、粉体易团聚
燃烧法	反应温度低、粉体均匀性好	反应难控制、制备的粉体团聚严重
水热反应法	粉体纯度高且粒径小、反应温度低	生产设备复杂、制备的粉体产量低

YAG 中 Y^{3+} 的离子半径与其他稀土元素的离子半径较为接近,因此 Y^{3+} 可被其他稀土离子取代,形成激光陶瓷。常见的稀土掺杂离子主要有 Nd^{3+}、Yb^{3+}、Ce^{3+} 和 Er^{3+} 等。表 2-3 列出了这几种稀土离子掺杂 YAG 激光陶瓷的激光性能。

表 2-3　几种稀土离子掺杂 YAG 激光陶瓷的激光性能

掺杂离子	掺杂浓度(原子分数)	激光波长	输出功率	斜率效率
Tm^{3+}	4%	1962nm	2.06W	37.8%
Nd^{3+}	5%	1064nm	31W	18.8%
Yb^{3+}	1%	1030nm	1.02W	25%
Er^{3+}	1%	1645nm	13W	51%
Ho^{3+}	1%	2090nm	1.2W	42.6%

2.3.5.2　倍半氧化物基激光陶瓷

倍半氧化物主要是指氧化钇（Y_2O_3）、氧化镥（Lu_2O_3）和氧化钪（Sc_2O_3）等氧化物。它属于高对称立方晶系,其结构和光学各向同性,可避免双折射效应导致的光散射。另外,它具有低声子能量、高损伤阈值、宽增益带宽和高热导率等优点,已成为一类重要的激光材料。尤其是与目前广泛应用的 YAG 激光材料相比,倍半氧化物的声子能量、热导率和热膨胀系数均较低,有利于减少非辐射跃迁造成的能量损失,获得更高的发光效率。

由于倍半氧化物材料的熔点高达 2400℃ 以上,难以制备高光学质量的大尺寸单晶。与单晶生长方式不同,倍半氧化物陶瓷可在远低于熔点的温度（1400~1800℃）下进行烧结,该特性使倍半氧化物激光陶瓷的应用成为可能。倍半氧化物基激光陶瓷的制备过程总体和上述的 YAG 基激光陶瓷类似。采用先进的成型工艺,较易制备大尺寸、复杂形状坯体；同时结合粉体合成、烧结技术的调制,能够有效实现高光学质量倍半氧化物陶瓷的制备。进一步,通过引入不同的稀土活性离子,就可以获得倍半氧化物激光陶瓷。目前,关于稀土离子掺杂倍半氧化物激光陶瓷的研究主要集中在红外波段范围,可分为 1μm 左右（Yb^{3+}）、2μm 左右（Tm^{3+} 和 Ho^{3+}）以及 1.6μm 和 3μm 左右（Er^{3+}）。表 2-4 列出了这几种稀土离子掺杂倍半氧化物激光陶瓷的激光性能。

表 2-4 几种稀土离子掺杂倍半氧化物激光陶瓷的激光性能

增益介质	掺杂浓度(原子分数)	激光波长	输出功率	斜率效率
$Yb^{3+}:Y_2O_3$	8%	1078nm	9.2W	41%
$Yb^{3+}:Lu_2O_3$	5%	1033.4nm	8.15W	58.4%
$Yb^{3+}:Sc_2O_3$	2.5%	1094nm	420mW	9%
$Er^{3+}:Y_2O_3$	7%	约2700nm	13.4W	23.7%
$Er^{3+}:Lu_2O_3$	11%	2.8μm	2.3W	29%
$Er^{3+}:Sc_2O_3$	0.25%	1605.5nm	2.35W	77%
$Ho^{3+}:Y_2O_3$	0.5%	2117nm	210.5W	60%
$Tm^{3+}:Y_2O_3$	2%	约2050nm	11.3W	74.4%

2.4 激光玻璃

若要将前文介绍的陶瓷材料用作激光增益介质，很重要的一个要求便是其应具有良好的透明性，这需要对材料制备工艺有严格把控。相比较而言，有一类材料——玻璃很容易满足透明性的要求。玻璃是一类以无机矿物为原料，经熔融、冷却、固化形成的具有无规则结构的非晶态固体，通常具有透光性良好、制备简单和容易获得大尺寸样品等特点。1961年，美国光学公司斯尼策尔制备了掺钕钡冕玻璃并实现了激光输出，开启了激光玻璃研究的新纪元。

2.4.1 激光玻璃的定义

激光玻璃是一类以玻璃作为基质，掺杂了激活离子的激光增益介质。图 2-28 是硅酸盐基激光玻璃结构示意图。与晶体不同，玻璃具有短程有序、长程无序的特点，质点并不会呈现晶体一样的周期性规则排列，因此，激活离子往往是无序地分散在玻璃基质中。玻璃基质决定了激光玻璃的物理化学性质，而激光输出的光谱特性则主要由激活离子决定。

相比于激光晶体，激光玻璃的组分选择更加广泛，可以在更大的范围调控基质的组分比例和激活离子的掺杂含量，从而获得满足不同要求的激光增益介质。与晶体相比，结构无序的玻璃中的缺陷更容易通过合适的熔融工艺去除，这对于制备均匀的大尺寸激光增益介质更为有利。

激光玻璃还具有易于加工的特点：利用热成型和冷加工的工艺，可以将激光玻璃制备成所需的各种形状。玻璃光纤的制备正是基于玻璃可以拉制成丝状这一特点。将具有芯层和包层结构的玻璃预制棒在高温下拉制成纤维状，即得到了玻璃光纤。如图 2-29 所示，玻璃光纤通常具有包层和芯层（纤芯）两层结构。光纤芯层是由高折射率玻璃制成的，被包围在低折射率玻璃包层中。当光从芯层进入包层时，由于折射率不同，会在芯、包界面处发生全反射，从而使光信号限制在光纤内传输。商用光纤通常会在光纤的外面加上一层有机物涂覆层以保护光纤。玻璃光纤具有激光玻璃的稳定性高和易于制备等优点。此外，玻璃光纤的主要优势在于其波导几何形状，有利于实现激光的低阈值和高转换效率。关于玻璃光纤，在后面无机光子传输材料部分还会详细介绍。

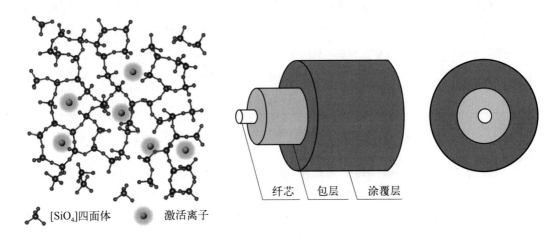

图 2-28　硅酸盐基激光玻璃结构　　　　图 2-29　玻璃光纤结构

2.4.2　激光玻璃的制备

2.4.2.1　块体玻璃的制备

块体激光玻璃通常使用连续熔炼技术制备。大尺寸块体玻璃的连续熔炼过程如图 2-30 所示。高纯度的粉料混合均匀后 24h 不间断地投入熔化池中，这些原料仅含有痕量的过渡金属杂质离子（质量分数小于 10^{-6}），配合料在熔化池中熔化并混合均匀后流入功能池，在功能池中通入氧气以去除玻璃中的残余羟基。玻璃从功能池流入澄清池，通过高温和适当的澄清剂去除玻璃中的气泡。澄清后的玻璃熔体流入均化池，通过搅拌在这里进行充分均匀混合，以满足 10^{-6} 的光学均匀性要求。由于池间管道及搅拌器均为铂金制成，在进行以上几个步骤的同时还需通入反应性气体以去除引入的铂金颗粒。均化好的玻璃通过铂金管导入成型模具，形成约厚 5cm、宽 0.5m 的玻璃并进入隧道窑。经过隧道窑退火后，玻璃从 500~600℃ 的高温缓慢冷却到室温，在隧道窑的末端被切割成长约 1m 的玻璃坯片。

图 2-30　大尺寸块体玻璃的连续熔炼过程

2.4.2.2　玻璃光纤的制备

玻璃光纤通常是由光纤预制棒经高温拉制而成的。表 2-5 列举了几种激光玻璃光纤的制备方法，主要包括管棒法、改进的化学气相沉积法、熔芯法和双坩埚法等，其中前两种使用最为广泛。

表 2-5　玻璃光纤常见制备方法及其技术特点

制备方法	特征	优点	实例
管棒法	机械加工制备预制棒	易于操作，芯包比易于控制	锗酸盐、磷酸盐基光纤
改进的化学气相沉积法	化学气相法沉积预制棒	批量生产，稳定，损耗低	石英玻璃光纤
熔芯法	芯层材料直接填充进套管中	避免结晶，易于操作	硅酸盐基光纤
双坩埚法	适用于冷加工能力差的玻璃	避免玻璃冷加工的步骤	硫系玻璃光纤

(1) 管棒法

管棒法（rod in tube，RIT）是最早发明的光纤制备方法之一，也叫套管法。图 2-31 为管棒法制备光纤工艺流程示意图。首先制备包层玻璃和掺杂激活离子的纤芯玻璃，然后分别加工成尺寸匹配的芯棒和包层并组合成预制棒，最后在拉丝塔上于软化温度下拉制成光纤。普遍认为，管棒法是一种在包层和芯棒均处于软化状态下将预制棒等比例缩小拉制成光纤的一种方法。采用管棒法制备的激光玻璃光纤中，一般包层材料和芯棒材料组分相似。除了芯层掺杂了激活离子外，在实际工艺过程中，通常还会对芯层和包层的玻璃组分进行微调，以使纤芯折射率大于包层，同时保证纤芯和包层软化温度以及热膨胀性质接近。因为玻璃的软化温度往往要高于其析晶温度，所以利用管棒法制备光纤要求包层材料和芯层材料都具有很好的抗析晶能力。这一局限性使管棒法很难应用于多组分特种玻璃光纤，特别是析晶趋势大的多组分玻璃光纤的制备。

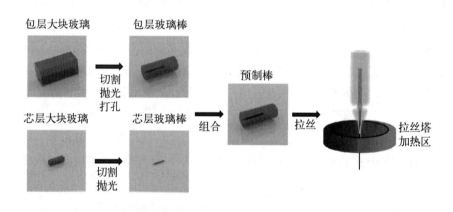

图 2-31　管棒法制备光纤工艺流程

(2) 改进的化学气相沉积法

改进的化学气相沉积法（modified chemical vapor deposition，MCVD）是目前最常用的制备高品质激光玻璃光纤所用预制棒的方法之一。这种预制棒生产方法最初由美国贝尔实验室和英国南安普敦大学研究人员在 20 世纪 70 年代提出。它是一种在高质量石英管的内壁沉积高纯度的二氧化硅，并掺杂可调节折射率的其他高纯物质（如二氧化锗、五氧化二磷、氟氧化硅等），形成折射率不同的芯层和包层的预制棒制备方法。

采用 MCVD 法制备激光玻璃光纤预制棒，一般可以分为沉积、烧结和塌缩三个步骤。

其中，激活离子的引入主要有两种方式：最常用的是在烧结步骤前通过溶液掺杂法引入芯层，另一种是通过载气将液相或气相的掺杂离子前体引入芯层。如图 2-32 所示，MCVD 工艺从导气管利用氧气作为载气将待反应的原料携带进石英基管中，在基管的外表面用氢氧焰加热至 1900 ℃ 以上，使基管内的原料发生反应并沉积在基管内壁形成疏松玻璃体。沉积过程中外部的氢氧焰来回移动，基管不断旋转，形成组分和厚度均匀的沉积层。之后将疏松玻璃体浸泡于含激活离子的溶液中，在引入激活离子后将疏松玻璃体干燥。最后，对疏松的玻璃体进一步烧结并进行基管塌缩处理，制成实心的预制棒。这种方法采用气相沉积，原料的纯度比较容易把控，适用于高纯度光纤的制备。不足的地方是这种方法的激活离子掺杂浓度非常有限，大多低于 0.1%（摩尔分数）。

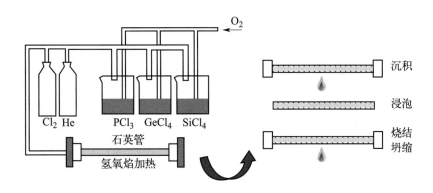

图 2-32 MCVD 法制备光纤预制棒

2.4.3 激光玻璃的分类

激光玻璃按照玻璃基质分类，通常有硅酸盐基激光玻璃、磷酸盐基激光玻璃、锗酸盐基激光玻璃和氟化物基激光玻璃等。在玻璃基质中掺杂不同的激活离子，又可以实现不同的应用。

2.4.3.1 磷酸盐基激光玻璃

磷酸盐基激光玻璃是指以磷酸盐基玻璃作为基质，掺杂激活离子的一类激光玻璃。磷酸盐基玻璃的基本结构单元为 $[PO_4]$，P 是 5 价离子，故 $[PO_4]$ 中有一个键是双键，无法与其他四面体产生键合。如图 2-33 所示，由于 $[PO_4]$ 最多只与三个四面体连接，因而为层状结构，层间存在范德华力，这导致磷酸盐基玻璃的熔融和软化温度较低。磷酸盐基激光玻璃由于其声子能量适中、对稀土离子溶解度高、稀土离子在其中的光谱性能好、非线性系数小等优点，成为目前使用最广的激光玻璃介质。

关于磷酸盐基块体激光玻璃的研究开始于 20 世纪 70 年代，迄今为止，国内外先后开发了掺钕磷酸盐基激光玻璃、掺铒磷酸盐基激光玻璃和掺镱磷酸盐基激光玻璃等。它们的常用激光波长分别为 1053nm、1535nm 和 1010nm。磷酸盐基激光玻璃的应用领域涵盖了激光核聚变、激光武器、激光测距、光通信波导放大器、超短脉冲激光器等。其中，用量最大的是掺钕磷酸盐基激光玻璃。掺钕磷酸盐基激光玻璃可以在泵浦光的激发下产生激光或放大激光能量,是激光器的"心脏",也是目前人类所知的能够输出最大能量的激光增益介质,数千片大尺寸高品质掺钕磷酸盐基激光玻璃能将种子光[纳焦耳(10^{-9}J)级]迅速放大到小太阳量级[兆焦耳(10^6J)级]。近年来,随着大型高功率激光装置和大能量激光装置的发展,国内外相继开发了一批新型掺钕磷酸盐基激光玻璃。中国科学院上海光机所开发的 N31 掺钕磷酸盐基激光玻璃已经用于我国的神光Ⅲ装置。

2.4.3.2 硅酸盐基激光玻璃

硅酸盐基激光玻璃是指以硅酸盐基玻璃作为基质,掺杂激活离子的一类激光玻璃。硅酸盐基玻璃的基本结构单元为[SiO_4]四面体,如图 2-34 所示。[SiO_4]四面体之间以桥氧相互连接形成三维架状网络结构,因此硅酸盐基玻璃往往稳定性强,软化温度较高。硅酸盐基激光玻璃具有高度透明、力学性能良好、稳定性优异以及易加工等特点,又与常用的通信石英光纤相兼容,因而常被用作玻璃光纤的基质。

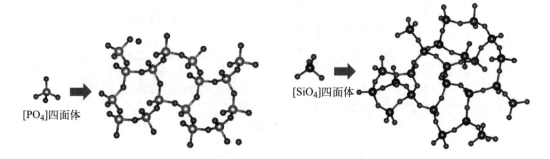

图 2-33 磷酸盐基激光玻璃结构单元及连接方式   图 2-34 硅酸盐基激光玻璃结构单元及连接方式

1961 年,美国光学公司首次实现以玻璃作为介质产生激光时所用的钡冕光学玻璃即为一种典型的硅酸盐基玻璃,其中掺杂了 Nd^{3+} 离子作为激活离子。1980 年以前,核聚变激光系统使用的都是掺钕硅酸盐基激光玻璃;1980 年后,各国逐渐改用磷酸盐基激光玻璃构建激光系统,目前仅有少量的硅酸盐基激光玻璃还在应用。

2.4.3.3 锗酸盐基激光玻璃

锗酸盐基激光玻璃是指以锗酸盐基玻璃作为基质,掺杂激活离子的一类激光玻璃。锗酸盐基玻璃的基本结构单元为[GeO_4]四面体和[GeO_6]八面体,此外还可能存在[GeO_5]结构。如图 2-35 所示,由于锗氧配位的多样性,锗酸盐基玻璃的结构-性能关系比硅酸盐基玻璃更为复杂,往往体现出性能变化的非规律性。与其他玻璃相比,锗酸盐基玻璃有较高的折射率、较宽的红外透过波长范围($0.4\sim5.0\mu m$)、良好的热稳定性和较高的激活离子溶解度等,因而成为中远红外光纤激光器常用的增益介质。锗酸盐基玻璃具有较低的声子能量(约 $900cm^{-1}$),有利于抑制激活离子的无辐射过程,从而大幅度提高激活离子在玻璃中的发光效率。同时,锗酸盐基玻璃具有良好的玻璃成形能力和较好的物化性能,非常适合制备光纤预制棒并能够拉制出高质量的光纤。近年来陆续报道了 Ho^{3+}、Tm^{3+} 等离子掺杂的高效率的中远红外锗酸盐基玻璃光纤激光器,部分已经实现了应用。

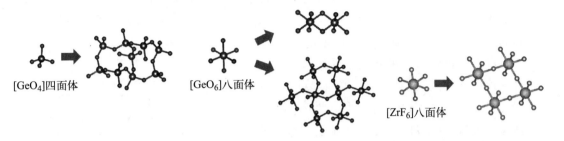

图 2-35　锗酸盐基玻璃结构单元及连接方式　　图 2-36　氟化锆基玻璃结构单元及连接方式

2.4.3.4　氟化物基激光玻璃

氟化物基激光玻璃是指以氟化物基玻璃作为基质，掺杂了激活离子的一类激光玻璃。氟化物基玻璃的结构单元以氟化物多面体的形式存在，相互连接形成链状、层状和架状的玻璃网络，还可通过离子间的静电吸聚保持结构稳定。图 2-36 所示为典型的氟化锆基玻璃的连接方式。相比于常见的氧化物基玻璃，氟化物基玻璃具有较低的声子能量及更宽的红外透过波长范围，激活离子在其中无辐射跃迁概率降低而量子效率提高。因此，氟化物基玻璃同样被广泛应用于中远红外光纤激光器的增益介质。通过在氟化物基玻璃光纤中掺杂 Pr^{3+}、Er^{3+}、Ho^{3+}、Tm^{3+} 等离子可以实现波长大于 $2.0\mu m$ 的激光，已获得激光的最长波长可达 $3.5\mu m$。

2.5　激光半导体

半导体材料也被广泛用作激光器的增益介质，用半导体作为增益介质的激光器又称半导体激光器，是目前技术最成熟、应用最广泛的器件。半导体激光具有方向性好、亮度高、单色性好和能量密度高等特点。以半导体激光器为基础的半导体激光工业在全球发展迅猛，现在已广泛应用于工业生产、通信、信息处理、医疗卫生、军事、文化教育以及科研等方面。

2.5.1　半导体激光器的工作原理

在半导体材料中，存在两种载流子：带负电的自由电子和带正电的自由空穴。一般来说，半导体内部在形成一个自由电子的同时会产生一个自由空穴，二者的浓度是相同的，这种半导体称为本征半导体。在本征半导体中掺入特定杂质，它就变为了杂质半导体。比如，当在具有 4 个价电子的硅中掺入一定量具有 5 个价电子的杂质元素，如磷、锑或砷时，硅与其结合成共价键后会多出一个电子，该电子不受共价键束缚，形成自由电子，此时半导体内部自由电子的浓度会高于自由空穴的浓度，这种半导体称为 N 型半导体；而当在具有 4 个价电子的硅中掺入一定量具有 3 个价电子的杂质元素，如硼或镓时，硅与其结合成共价键后会少一个电子，生成一个空穴，该空穴不受共价键束缚，形成自由空穴，此时半导体内部自由电子的浓度会低于自由空穴的浓度，这种半导体称为 P 型半导体。

如果在半导体一侧掺杂 P 型半导体，另一侧掺杂 N 型半导体，在交接处会形成 PN 结。通过利用 PN 结的单向导电等基本特性可以实现优异的光学性能，因此半导体材料在发光二极管和激光二极管领域有广泛的应用。

以激光二极管为例来介绍半导体激光器的工作原理。它一般利用 PN 结的正向注入实现受激发射。二极管可以分为两类：发光二极管和激光二极管。两者的主要区别在于发射光的属性：前者的光发射为自发发射，其发射光没有一定的相位关系，是非相干光；后者的光发射是受激发射，其发射光具有高度的单色性和方向性，为相干光。图 2-37 给出了半导体激光器的典型结构。它由一个光学共振腔组成，而共振腔是由一个有源层（发光区，即 PN 结界面附近注入载流子集中的区域）和包含有源层的两个解理面构成的法布里-珀罗共振腔，用以获取受激发射所需的光能密度。在低电流密度下，激光器的发射过程为自发发射；当通过的电流超过一定阈值，使有源层有足够数量的过剩载流子，充分形成粒子数反转分布时，会发生受激发射。

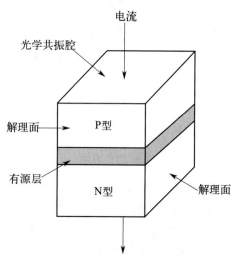

图 2-37　半导体激光器的典型结构

半导体激光器的优点主要包括体积小、结构简单、效率高、寿命长和易于实现高频电调制，因此在光通信和数据存储领域得到了广泛应用。小功率半导体激光器主要用于信息技术领域，如光交换系统的分布反馈和动态单模激光器、窄线宽可调谐激光器、信息处理用可见光波长激光器。这类器件的特征是：单频窄线宽、速率高、可调谐、波长短和光电单片集成化等。大功率半导体激光器主要用于泵浦源、激光加工系统、印刷、生物医疗等领域。

2.5.2　激光半导体的制备

各类激光半导体材料由于自身性质的不同，其制备方法也不尽相同。下面介绍几种典型的制备方法。

2.5.2.1　金属有机化学气相沉积法

金属有机化学气相沉积（MOCVD）法，是将反应物质全部以有机物金属化合物的气体分子形式，用氢气作载气送到反应室，进行热分解反应从而形成化合物半导体的一种新技术。这种方法可以形成单晶层和多晶层，可以用来生长各种Ⅱ-Ⅵ族和Ⅲ-Ⅴ族化合物半导体以及它们的薄层单晶材料，是当前半导体材料生产中技术最成熟、应用最广泛的技术之一。图 2-38 为 MOCVD 法的工艺流程图，其生长设备主要包括气体操作系统、反应室、加热系统和尾气处理系统四个部分。气体操作系统包括为控制Ⅲ族金属有机源和Ⅴ族氢化物源的气流及其混合物所采用的所有的阀门、泵及各种管路。反应室是 MOCVD 系

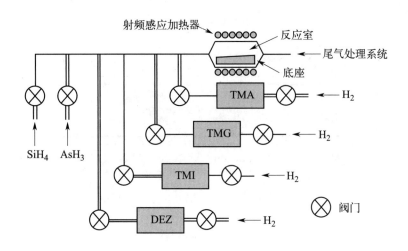

图 2-38 MOCVD 法工艺流程
TMA、TMG、TMI、DEZ 分别代表有机反应源 TMAl、TMGa、TMIn 和二乙基锌

统的核心组成部分，要保证反应室中气流和温度的均匀分布，从而有利于材料大面积高质量生长。加热系统采用射频感应加热，通常将射频线圈环绕石墨基座进行诱导耦合加热。尾气处理系统对反应后的易燃易爆气体进行后续处理。MOCVD 法的工艺流程如下：反应源材料（如图中的 SiH_4 和 AsH_3）由气体操作系统精确控制流量，在载气（通常为 H_2，有时候为 N_2）的携带下被通入石英或不锈钢反应室，随后在衬底上发生表面反应以生长外延层，反应后残留的尾气被排出反应室，通过尾气处理装置后排出系统。

MOCVD 技术相比于其他制备技术，有如下突出优点：

① 各反应源和掺杂剂都以气体形式通入反应室，可以通过精确设计气体流量和通入时间来控制外延层的厚度与掺杂剂的浓度，因此方便制备各类薄层和超薄层半导体材料。

② 反应室气体流速快，可以在极短时间内精准改变多元化合物的成分，为制备各类异质结构和量子阱半导体材料提供了可能。

③ 晶体生长反应为热解化学反应，是单温区外延生长。通过控制好气流和温度的均匀性，可以保证外延材料的均匀性，适合工业化大批量生产。

④ 对真空度要求较低，使得反应室结构较为简单。

2.5.2.2 布里奇曼法

布里奇曼法是在利用熔融法来生长大尺寸化合物半导体晶体（如 GaAs、CdSe 等）时比较常用的方法。该方法基于生长晶体与籽晶取向一致的原则，在生长过程中采用密闭坩埚，引入籽晶后使晶体沿着籽晶的方向生长，从而获得较大的单晶材料。图 2-39 为布里奇曼法制备装置图，主要由两个加热炉和石英管构成。加热炉分为低温炉（炉 A）和高温炉（炉 B），它们具有独立的供电、测温和控温系统。高温炉外部有一个带有观察窗的保温炉，可以左右移动。反应室为圆柱形石英管，中间有石英隔窗，两端分别放置不同的反应物。加热时，需要用氢氧焰将石英管两端密封，通过保温炉左右移动加热炉，使两端反应物充分反应。加热过程中需要保持真空条件。

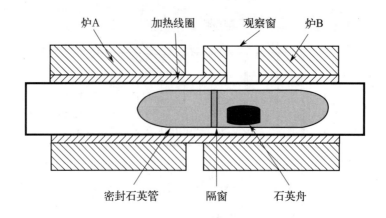

图 2-39 布里奇曼法制备装置

2.5.2.3 物理气相传输法

物理气相传输法适用于制备高熔点化合物半导体晶体,特别是熔点在 2000℃ 以上的化合物。图 2-40 为物理气相传输法的装置图,其结构包括坩埚、生长炉、加热区和保温区等。物理气相传输法的制备过程如下:坩埚底部原料于高温区加热挥发或升华,在温度梯度的驱动下,到达低温区域的籽晶表面,并在籽晶上发生吸附、扩散、形核和再结晶,最后获得对应的半导体晶体。生长炉的加热方式为电阻加热或感应加热。

2.5.2.4 热扩散法

热扩散法用于制备半导体多晶材料,如掺杂过渡金属离子的 II-VI 族化合物半导体。图 2-41 为热扩散法装置图,主要包括加热管和两个原料区域。石英管在真空下密封,随后放入管式炉内处理。以不掺杂 II-VI 族化合物(ZnSe 或 ZnS)半导体的单晶或者多晶片为原料,将其封在抽成真空的石英管中,在一定温度下长时间热处理,通过扩散实现离子掺杂,降温至室温后即可获得半导体多晶材料。

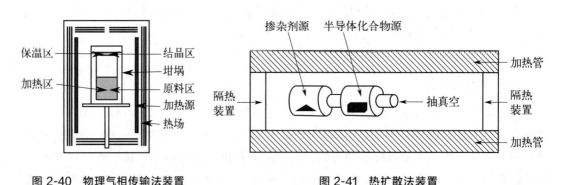

图 2-40 物理气相传输法装置　　　　图 2-41 热扩散法装置

2.5.3 激光半导体的分类

半导体技术的发展使激光半导体经历了快速迭代与更新。核心增益介质半导体材料根据组成可以分为二元化合物（如 GaAs、CdS）、三元化合物（如 GaAlAs、PbSnTe）和四元化合物（如 GaInAsP）等；根据结构和形态又可分为量子阱、量子线和量子点等，并由晶格匹配材料发展到应变材料。下面对典型的激光半导体进行分类介绍。

2.5.3.1 Ⅲ-Ⅴ族半导体

Ⅲ-Ⅴ族半导体，是以Ⅲ族元素和Ⅴ族元素组合而成的化合物半导体。常用的Ⅲ族元素主要是硼（B）、铝（Al）、镓（Ga）和铟（In），常用的Ⅴ族元素主要是氮（N）、磷（P）、砷（As）和锑（Sb）。常见的Ⅲ-Ⅴ族半导体化合物有 GaAs、GaN、AlN、InP 和 InAs 等，基本性质如表 2-6 所示。大多数Ⅲ-Ⅴ族化合物半导体的晶体结构是闪锌矿型或纤锌矿型，成键为离子键与共价键共存，其中离子键成分与其组成的Ⅲ族和Ⅴ族原子的电负性之差有关，两者差越大，离子键成分越大，共价键成分越小。根据能带结构可将其分为直接带隙和间接带隙半导体材料，二者的区别在于低能带的高点和高能带的低点在布拉格空间中的相对位置。如图 2-42 所示，如果是正对应，则是直接带隙材料，如 GaAs、InP 基材料；反之为间接带隙材料，如 GaP、AlP 基材料。相比于前者，后者的电子跃迁到导带上产生导电电子和空穴需要同时吸收能量和改变动量，因此其辐射跃迁概率更小，发光效率更低。

表 2-6　Ⅲ-Ⅴ族半导体的基本性质

性质	GaP	InP	GaAs	InAs	GaSb	InSb
熔点/℃	1749	1327	1511	1221	991	800
禁带宽度/eV	2.272	1.344	1.424	0.354	0.75	0.18
晶格常数/nm	0.5451	0.5869	0.5654	0.6058	0.6096	0.6479
电子迁移率/[$cm^2/(V \cdot s)$]	160	5400	9000	330000	76200	77000
空穴迁移率/[$cm^2/(V \cdot s)$]	135	190	400	450	680	850

Ⅲ-Ⅴ族半导体已有半个多世纪的发展历史，其发光波长覆盖范围从深紫外发展到远红外波段，在发光二极管与激光器领域有重要的应用价值。下面介绍几种典型的激光半导体。

(1) GaAs 基半导体

GaAs 化合物于 1926 年被首次成功合成，其半导体性质于 1952 年被首次提出，是目前最重要、研究最全面、应用最广泛的化合物半导体材料之一。GaAs 具有灰色的金属光泽，其晶体结构为闪锌矿型，晶体内以共价键结合为主，混杂有部分离子性质。由于 GaAs 中 As 元素毒性较强且易

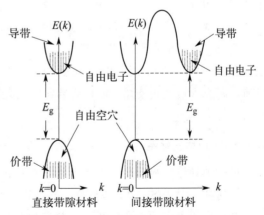

图 2-42　直接带隙材料与间接带隙材料的能带图
能带图中 k 代表电子的晶体动量，纵坐标代表电子的能量

挥发，通常采用 MOCVD 法或布里奇曼法制备 GaAs 晶体。GaAs 是一种典型的直接带隙

半导体材料,光吸收系数高。

相比于 Si、Ge 等元素半导体,GaAs 在性质上具有独特的优势。例如,GaAs 的电子迁移率高,约为硅的 5~6 倍,因此具有优异的光电性能。同时,GaAs 拥有更大的禁带宽度:GaAs、硅和锗的禁带宽度分别为 1.43eV、1.11eV 和 0.67eV。而对于晶体管而言,工作温度的上限是与禁带宽度成正比的,因此 GaAs 基器件热稳定性更好,可在 450℃ 下工作。此外,GaAs 半导体材料化学性质稳定、抗辐射性能优异、对磁场敏感等,这些性质使得 GaAs 基器件频率响应好、速度快且工作温度高。GaAs 可应用于可见光、红外发光二极管和激光器。其中,GaAs 基激光器的发光波长范围一般为 610~1300nm,是激光显示的红光基色、大功率半导体激光器和 850nm 数据通信的核心光源。

(2) GaN 基半导体

GaN 是非常稳定的化合物,又是坚硬的高熔点材料,熔点约为 1700℃。GaN 的晶体结构为纤锌矿型,成键类型为共价键与离子键共存,其单晶材料一般采用 MOCVD 法制备。GaN 的发光波段集中在短波长,其光谱范围可从红光覆盖至紫外波段。GaN 材料同样属于直接带隙半导体材料,其禁带宽度为 3.4eV,发光效率高。同时,GaN 材料具有高热稳定性和高热导率等特性,极大地提高了器件在不同温度下的适应性和可靠性,使得 GaN 基器件最高可以用在承受 650℃ 以上温度的军用装备中。此外,GaN 材料具有击穿电压高、电子饱和漂移速度高、抗辐射能力强和化学稳定性良好等优越性质,使得它成为迄今为止理论上光电转换效率最高的材料体系,并可以成为制备宽波谱、高功率和高效率光电子器件的关键基础材料。在激光领域,GaN 基半导体激光器在蓝光和绿光波长下均实现了激光输出。

(3) GaSb 基半导体

GaSb 材料由于其优异的光学特性,近年来引起了研究人员的广泛关注。GaSb 的晶体结构为闪锌矿型,主要采用 MOCVD 法和布里奇曼法制备。GaSb 材料为直接带隙半导体材料,禁带宽度为 0.725eV,因此该类材料具有窄带直接跃迁发光的独特优势。同时,由于 GaSb 的晶格常数可以和各种三元、四元 III-V 族化合物相匹配,而这些材料的光谱范围为 800~4000nm,因此 GaSb 材料是实现中红外波段半导体激光器的理想材料体系。目前,研究人员通过使用 GaSb 基半导体激光器,在 2600nm 波长处成功实现 17W 的激光输出。

2.5.3.2 Ⅳ族半导体

Ⅳ族半导体材料,是指由Ⅳ族元素组成的元素半导体材料,如硅(Si)、锗(Ge)基半导体材料。对于 Si、Ge 基材料,其晶格构型为金刚石结构,成键类型为共价键。Si 是最重要且应用最广的半导体材料,具有储量丰富、化学稳定性好、无环境污染、大单晶、纯度高、可掺杂和传导率高等优点。特别是其拥有高度兼容的高质量本征氧化物 SiO_2,使 Si 区别于 Ge 等其他半导体材料,成为半导体行业的基础材料。但是,Si 是典型的间接带隙材料,发光效率很低,制备硅基发光器件比较困难。同为Ⅳ族元素的 Ge,虽然也是一种间接带隙半导体材料,但与 Si 材料不同的是,Ge 的直接带隙与间接带隙的能量差仅为 136meV，可以通过能带工程将 Ge 转变为直接带隙材料，使得制备 Si 基 Ge、Si 基 GeSi 激光器成为可能。目前，研究人员在 Si 基 Ge 半导体激光器中通过使用 Si/Ge/Si 双异质结结构在波长 1610nm 处可以实现激光输出。

Ⅳ族半导体的基本性质如表 2-7 所示。

表 2-7 Ⅳ族半导体的基本性质

性质	Si	Ge	$Si_{1-x}Ge_x$
晶体结构	金刚石	金刚石	金刚石
原子密度/cm^{-3}	5×10^{22}	4.4×10^{22}	$(5-0.58x)\times10^{22}$
密度/(g/cm^3)	2.329	5.323	$2.329+3.493x-0.499x^2$
介电常数	11.7	16.2	$11.7+4.5x$
晶格常数/nm	0.5431	0.5638	$0.5431+0.02x+0.027x^2$
电子迁移率/$[cm^2/(V\cdot s)]$	1450	3900	$1450-4325x(0<x<0.3)$
空穴迁移率/$[cm^2/(V\cdot s)]$	450	1900	$450-865x(0<x<0.3)$
折射率	3.42	4	$3.42+0.37x+0.22x^2$

2.5.3.3 Ⅱ-Ⅵ族半导体

Ⅱ-Ⅵ族半导体材料，是指由Ⅱ族元素（Zn，Cd，Hg）和Ⅵ族元素（S，Se，Te，O）组成的化合物半导体材料。Ⅱ-Ⅵ族化合物成键类型为离子键和共价键共存，但与Ⅲ-Ⅴ族半导体材料相比，Ⅱ-Ⅵ族半导体材料电负性差值大，其离子键成分更大。Ⅱ-Ⅵ族半导体材料为直接带隙材料，发光效率较高，同时含有原子序数较大的阴离子，其光学声子截止能量相对较低，使得它们在相当宽的光谱区域内透明。这种低能量声子截止还降低了掺杂离子无辐射跃迁的概率，进而增加了在室温下获得较高发光量子效率的概率。通过掺杂二价过渡金属离子（Fe^{2+}，Cr^{2+}），该类材料会产生晶体场分裂与强电子-声子耦合效应，在中红外波段产生相当宽的吸收和发生带，从而使制备中红外激光器成为可能。例如，通过使用 Cr^{2+}:ZnS/ZnSe 激光器，在 2050～2400nm 波长范围内实现了功率为 125mW 的激光输出；通过使用 Fe^{2+}:ZnSe 激光器，在 4100nm 附近产生了激光输出。

Ⅱ-Ⅵ族半导体的基本性质如表 2-8 所示。

表 2-8 Ⅱ-Ⅵ族半导体的基本性质

性质	ZnS	ZnSe	ZnTe	CdS	CdSe	CdTe
熔点/℃	1850	1500	1240	1475	1250	1090
禁带宽度/eV	3.6	2.7	2.26	2.4	1.67	1.6
电子迁移率/$[cm^2/(V\cdot s)]$	140	200	100	150	500	600

2.6 激光及光放大的应用

2.6.1 精细激光加工

机械加工中最传统的方法是利用刀具对材料进行切削。但受限于机械切割刀具的材质，这种加工方法仍存在两个明显的缺点：

① 硬脆材料加工困难：一方面，普通金属刀具的硬度远低于硬脆材料的硬度，导致切割效率极低；另一方面，硬脆材料高脆性的特点使得材料极易在机械切割过程中发生裂纹的不可控扩展而崩裂。

② 加工精度低：受限于机械刀具的尺寸，一般的刀具难以加工出微米尺度的精细结构。

激光的发明使精细加工成为可能。早期的激光加工技术采用连续激光作为激光源，通过将连续激光聚焦在特定位置进行加热至熔融温度乃至气化温度以上，实现局域物质的剥离以达到加工的目的。相比于传统机械加工的方法，连续激光加工可以实现对硬脆物的高效加工；另一方面，由于聚焦光斑的尺寸只有微米级别，因此连续激光加工的精度有极大提升。虽然连续激光加工的精度已经有明显的提升，但连续激光加工位置附近会存在明显的微米尺度的热熔区，因此仍难以实现亚微米-微米尺度的超精细加工。

要实现超精细激光加工，关键在于降低激光的热影响。随着新型光子产生材料的研制不断取得突破，超短脉冲激光（典型的如飞秒激光）输出成为可能。超短脉冲激光具有超高的峰值功率、超短的脉冲持续时间。相比于利用连续激光加工，利用超短脉冲激光加工可显著降低材料的热响应：一方面，超短脉冲激光峰值功率对应的电场强度与原子、离子内部电场强度相当，其聚焦位置处的物质可直接以等离子体的形式剥离；另一方面，物质的熔融需要热量的持续积累，而超短脉冲激光的脉冲持续时间短，产生的热量不会被持续地积累，因此不会产生明显的热熔区。因此，采用超短脉冲激光作为光源，可以实现低热效应和超高精度的激光加工。

2.6.2 精细外科手术

利用超短脉冲激光对生物组织进行精细切割，同样有良好的效果。超短脉冲激光作为外科手术用的"手术刀"，可实现对组织精准切割，且产生的热效应极低，有效降低了外科手术的创口大小以及患者术后疼痛感。

其中，LASIK 手术（激光角膜原位磨镶术）是利用超短脉冲激光作为"手术刀"最成功的范例。该技术起源于美国密歇根大学超快光科学实验在1993年的一次实验室事故。时为莫罗教授（2018年诺贝尔物理学奖获得者）课题组内博士研究生的杜德涛博士在实验过程中不慎被 $Ti^{3+}:Al_2O_3$ 晶体产生的飞秒激光直接照射眼睛。密歇根大学眼科中心医生库尔茨为其眼部进行检查时发现其眼睛有一尺寸极小的圆形伤斑，且没有引发炎症反应,其损伤之小远低于常规的激光眼部损伤。库尔茨医生敏锐地察觉到超短脉冲激光技术可能用于精细眼科手术,于是与莫罗教授课题组开展研究合作,探索超短脉冲激光作为眼科"手术刀"的可能性。经过数年研究,该课题组论证了其可行性并于 1997 年开发了首台外科手术用超短脉冲激光器。临床试验成功实现了对人体眼睛角膜的精细切割,可用于治疗屈光不正。2000 年,美国食品药品监督管理局(FDA)正式认可了 LASIK 技术的有效性和安全性,并批准其临床使用。经过数十年的发展,目前 LASIK 手术已经实现了普及,惠及世界各国屈光不正患者。

除了 LASIK 手术外,目前研究者也正研究基于超短脉冲激光新技术,用于治疗白内障、青光眼等一系列眼科疾病。随着激光技术的发展,超短脉冲激光可调参数(如:输出波长、脉冲宽度等)和输出形式(如:光纤输出)也更加丰富。理论上,不同参数、输出形式的超短脉冲激光对组织的切割效果都有差异,都可以作为一种新的"手术刀"。相信超短脉冲激光在精细外科手术方面还有广阔的应用潜力。

2.6.3 激光核聚变

目前人类获得能源主要依靠化石能源燃烧和核裂变技术。其中,化石能源燃烧在目前仍是人类获得能源的主要方式,它的能量转化效率较低,且产物所含有的二氧化碳和甲烷等会带来全球气候变暖问题。核裂变技术可以用于获得大量能量,但仍存在一定的安全性问题。核裂变副产物为放射性物质,其半衰期长达上万年,且过程一旦失控,核裂变过程将通过链式反应继续进行,持续生成放射性物质,这种放射性物质将在长时间内对环境造成影响:苏联切尔诺贝利核电站事故和日本福岛核电站事故所遗留的放射性副产物问题目前仍未解决。相比于以上两种技术,核聚变的能量转换效率高,且副产物为氦,其不具有放射性。因此,核聚变技术被认为是获取能源的理想方式之一。

目前,核聚变技术的瓶颈在于如何高效激活核聚变过程。核聚变反应需要极高的温度或压强才能激活。通过利用超高能激光,压缩和加热核聚变靶材至满足核聚变激活条件(即激光核聚变技术)是目前实现核聚变过程激活的主流方案之一。要获得如此高能量的激光,自然需要大尺寸、高品质光子产生材料作为激光增益介质。美国很早就已开展过高品质激光玻璃的制备研究,并在 20 世纪 60 年代就已掌握高品质激光玻璃的制备技术。1974 年,美国劳伦斯-利弗莫尔国家实验室利用激光玻璃作为增益介质,搭建了世界上首台核聚变激光系统 Janus,并首次在实验中利用激光实现了核聚变,后经多次迭代又分别建成了 Cyclops(1974 年)、Argus(1976 年)、Shiva(1977 年)、Novette(1983 年)、Nova(1985 年)、Beamlet(1994 年)以及 NIF(1997 年)等多套系统。除了美国,我国在核聚变用激光玻璃的制备以及核聚变激光系统的搭建上也取得了辉煌成就。1962 年,我国姜中宏院士和干福熹院士开始主持核聚变用激光玻璃的研制工作。1980 年,中国科学院上海光机所基于自研激光玻璃搭建了小型的核聚变用六路激光系统;随后于 1986 年,又搭建了大型核聚变激光系统"神光Ⅰ";2001 年,更大规模的"神光Ⅱ"激光系统建成;截至目前,"神光Ⅱ"系统仍在服役,并在不断改进升级中。

2023 年,基于升级后的 NIF 装置,美国首次实现了核聚变输出的能量大于输入的激光能量,被认为是人类利用核聚变技术获取能源的里程碑式的事件。但值得注意的是,由于驱动激光仍要耗费其他能量（如电能），如今核聚变输出的能量仍然低于整套核聚变系统运转所需的能量，人类距离利用核聚变技术获取能源仍有一段距离。但相信随着增益材料以及激光系统的迭代升级，在未来利用核聚变技术获取清洁能源并非梦想。

2.6.4 引力波探测

1916年，爱因斯坦从广义相对论的基本原理出发，预言了引力波的存在。他预言：当引力场出现扰动（如：黑洞合并、超新星爆发等）时，会引起时空的扭曲，这种扭曲会以波的形式从扭曲的"原点"向外传播，这就是引力波。但长期以来并没有直接实验证据证明引力波的存在。因此，引力波探测对于进一步验证广义相对论的正确性以及人类进一步认识宇宙演化的过程和时空的本质具有重要意义。

引力波引起的时空变化非常微小，常规的测量手段几乎无法测量，如今光学测量成为引力波探测的唯一选择。1999年，美国组建LIGO（Laser Interferometer Gravitational-Wave Observatory）引力波探测天文台，专门用于引力波探测。LIGO可以看作超大型、超灵敏的迈克尔逊激光干涉仪，根据激光干涉条纹的变化可以探测时空扭曲，从而探测引力波的存在。为了能实现高灵敏探测，LIGO对探测用激光光源提出了非常高的要求：大功率、超窄线宽（频率极端纯净）和低噪声等。目前，LIGO的激光系统采用固态激光器系统，利用了$Nd^{3+}:YVO_4$和$Nd^{3+}:YAG$激光晶体作为增益介质，配合光路设计，实现了220W大功率、窄线宽、低噪声的1064nm波长的激光输出。基于该套激光系统，LIGO于2015年首次探测到引力波信号。2017年，诺贝尔物理学奖授予了韦斯、巴里什和索恩三人，表彰其对引力波探测的决定性贡献。为了能更好地实现对引力波的探测，下一代的引力波探测系统对激光系统也提出了新的要求：更简单、稳定的系统结构，更低的噪声，更长的激光输出波长。LIGO激光系统供货单位汉诺威激光中心的研究者认为，以激光玻璃光纤材料为增益介质的、1064nm和1550nm波长输出的高能单频光纤激光器将成为下一代高灵敏引力波探测系统的核心部件之一。

2.6.5 飞秒物理/化学

高精密测量一直是各个领域关注的焦点。对一个持续一段时间的事件的完整过程进行测量的基本原则，是需要采用时间尺度更短或者可相比拟的事件作为"标尺"。例如：日常宏观物体的运动（如：一辆汽车的运动）通常为秒尺度以上的事件，快电子过程为纳秒-毫秒尺度事件，因此，我们可以用基于快电子过程的摄像机记录一辆汽车的运动过程，并可获得每一秒汽车运动的位置等过程中的细节。但是对于化学键断裂，原子、分子振动等物理化学过程，其时间尺度在飞秒-皮秒量级，短于快电子过程的时间尺度，因此基于快电子过程的测量仪器已不能记录超快物理化学过程的细节，无法探明该过程是如何发生的。因此，要实现超快物理化学过程的测量和记录，关键在于寻得时间尺度在飞秒量级的事件作为"标尺"。

美国加州理工学院的泽维尔教授提出可以利用飞秒脉冲作为超快物理化学过程测量的"标尺"。对于飞秒脉冲激光，其单个脉冲时间尺度为飞秒量级，能满足对超快物理化学过程的测量"标尺"的时间尺度要求。在实验中，泽维尔教授首次利用飞秒激光作为"标尺"，记录了化学反应过程中过渡态物质的生成过程，这一研究成果引起了轰动，并直接开辟一个新的学科——"飞秒物理/化学"。泽维尔教授也因这一项研究成果被授予了1999年诺贝尔化学奖。20世纪以来，随着激光技术的发展，飞秒脉冲激光已经实现普及。飞秒脉冲作为超快物理化学过程的"标尺"已经被广泛应用于各种超快物理化学过程的记录与测量，大大丰富了人类对飞秒尺度的超快物理化学过程的认识。

2.6.6 通信光放大

在现代的光纤通信系统中，信息是以光作为载体在传输光纤中传输的，经过长距离的传输后，光信号势必会有部分损耗，这时就需要光放大器对光信号进行放大，从而保证信息的完整。玻璃光纤，尤其是硅酸盐基玻璃光纤可以与现有光纤通信系统中的石英传输光纤良好熔接，避免了半导体放大器等其他光放大器可能产生的额外损耗，因此成为应用最广泛的光放大器增益介质。目前最常用的光纤放大器是掺铒光纤放大器（EDFA）。EDFA的工作波段在1550nm附近，正好处于商用传输光纤的低损耗波段，具有放大倍数高、输出功率高、泵浦效率高和噪声低等优点。此外，有一种掺铋光纤放大器（BDFA），其中掺杂的 Bi 离子可实现波长覆盖范围很宽的近红外发光，因此 BDFA 也具有输出波长范围宽、输出波长可调谐等特点，在石英光纤的多个低损耗波段均可以实现光放大应用，具有很好的应用前景。

习 题

2.1 生长激光晶体的方法主要有哪些？

2.2 给出石榴石的化学通式，并描述常见的稀土离子掺杂 YAG 激光晶体及其工作波段范围。

2.3 影响陶瓷透明性的因素有哪些？

2.4 简述 YAG 粉体的制备方法以及各方法优缺点。

2.5 激光陶瓷相较于激光晶体有什么优势？

2.6 选择一种用于中远红外激光器的激光玻璃增益介质并说明理由。

2.7 利用热成型和冷加工的工艺，可以将激光玻璃制备成所需的各种形状。玻璃光纤的制备正是基于玻璃可以拉制成丝状这一特点。相对于常见的块体激光器，光纤激光器具有哪些优势？

2.8 结合第1章的内容，以 As 掺入至 Ge 中为例，说明什么是施主杂质、施主杂质电离过程和 N 型半导体；以 Ga 掺入至 Ge 中为例，说明什么是受主杂质、受主杂质电离过程和 P 型半导体。

3 无机光子传输材料

光学介质是光子传输的基石,通过对其光学特性的精确调控,可以实现对光的传播路径、速度、强度、相位和偏振等关键属性的精准控制。这种精密操控技术为光子传输在通信、成像、精密加工等多个领域的广泛应用提供了有力支撑。

在光通信领域,光子作为信息的携带者,其传输效率和质量直接受到介质材料性能的影响。为实现高效且远距离的传输,必须精心设计、制备具有低光损耗、低色散、高带宽以及特定非线性特性的介质材料。同时,材料的环境稳定性也至关重要,其确保了光学材料在各种复杂环境下均能维持其出色的光学性能。科技的持续进步促进了新型光学材料的涌现,如光子晶体、二维材料以及超表面材料等新材料为光子传输技术的发展带来了新的可能。

在光学成像领域,具有高透光率、低色散特性的光学元件是确保图像清晰的关键。此外,利用不同材料所独有的光学特性,还可以实现如涂层隐身和光学可见性控制等特定光学效果。

光子传输还是一种能量传递过程。激光作为一种高度集中和定向的光能,其传输和聚焦特性使得激光在医学、工业和科研等领域具有广泛应用。

随着对新材料和技术的不断探索,光子传输技术将继续向前发展,进一步优化现有系统并拓展新的应用领域。

3.1 光子传输的基本原理

光在均匀介质,如真空、空气中沿直线传播是我们在初中物理课上已经学过的知识。而光纤作为当代光学通信中最重要的器件,却能够使光沿着弯曲的纤维传播。虽然光在空间中的传输和在波导中的传输同样利用了光的直线传播原理,然而却实现了截然相反的效果,这说明光子在空间中的传输和在波导中的传输有着不一样的机制。因此,本节将从物理学基础、传输特点等方面对空间光传输和光波导传输这两种光子传输方式的基本原理进行介绍。

3.1.1 光在空间中的传输原理

3.1.1.1 空间光传输的物理学基础

空间光传输中的"空间"是指自由空间,常见的自由空间主要有人类生活的空气空间、地球大气层的大气空间,以及宇宙中的真空空间。"空间"的特点是其尺寸远远大于光波的波长,因此光在空间中传输时光的波动特性体现并不十分明显。分析光在空间中传输的基本原理,主要参考光在均匀介质中沿直线传播的特性和以折射、反射定律为代表的初等光学基本定律(详见第1章),并不需要涉及麦克斯韦方程组的求解。

3.1.1.2 空间光传输系统的组成

光在空间中的传输控制主要是指利用反射镜、透镜、光栅等光学器件来操控光的反射、折射、衍射等过程,从而使光传输至空间中的目标位置。由此可见,空间光传输系统由两部分组成:传输空间和光学器件。

根据传输空间的特点,常见的传输空间主要分为以下三类:

① 近地面空气环境。近地面空气环境主要指人类生活的室内等环境。一般而言,这类环境相对稳定,折射率分布均匀,因此在近地面空气环境中,光能够很好地保持直线传播的特性。显微镜、望远镜、照相机、可见光通信系统等都是以近地面空气环境作为传输空间的空间光传输系统的典型例子。

② 宇宙环境。宇宙环境是指地球以外的环境。宇宙环境一般可以视为真空环境,其折射率分布均匀且稳定,因此光也能保持直线传播的特性。但宇宙环境温度随时间变化大且存在高能射线流,因此在宇宙环境中工作的光传输系统对光学器件也提出了更高的要求。以宇宙环境为传输空间的空间光传输系统的典型例子是卫星-卫星间的激光通信系统。

③ 大气环境。宇宙-近地面空间光传输、地面远距离空间光传输时光都需要经过大气环境。相比于近地面空气环境和宇宙环境,大气环境是典型的不稳定环境。大气湍流、天气的变化、空气颗粒物的变化都会导致环境折射率的变化,从而引起光传输过程中光不可控的折射与散射,导致光偏离预设的传输轨道和光的损耗。以大气为传输空间的空间光传输系统的典型例子有卫星-地面空间光通信系统。

根据光学器件功能,空间光传输系统的光学器件主要分为以下三类:

① 反射镜。反射镜的作用是利用光的反射改变光的传播方向。反射镜由镜坯和表面涂层组成。其中,表面涂层决定了反射镜的反射率、工作的波长范围等核心的光学参数;镜坯对表面涂层起支撑作用,其对反射镜工作时的稳定性至关重要。

② 透镜。透镜的作用是通过光的折射实现对光的汇聚、发散、准直效果的操控。透镜是具有特定几何形状的透明器件。其几何形状决定了器件对光汇聚、发散和准直的效果,其材质决定了器件工作的波长和工作时的稳定性。

③ 光栅。光栅的作用是通过光的衍射实现不同波长的光在空间中的分离。光栅是具有微纳(微米-纳米)尺度周期性结构的光学器件,这种微结构的尺度、周期等参数决定了光栅的分光效果。

3.1.1.3 空间光传输的特点

根据空间光传输系统的结构与性质,光在空间中传输主要有以下特点:

(1) 低色散光传输环境

空间光传输的空间主要为气体或真空环境,而气体的色散远远低于固体的色散,且在一般情况下,光在空间中的光程远远大于在光学器件中的光程。因此,在不额外引入色散型器件(如:光栅)的情况下,光学器件引入的色散可以忽略不计。因此,通过空间光传输的方式可以实现较长距离的低色散光传输,即在传输过程中不同波长的光传输速度不会有明显的区别。某些特殊的光场需要在低色散环境下传输才能保持其原有的特性,如:超短脉冲激光需要在低色散环境中传输才能保持其超短脉冲的特性。对于该类光的传输,一般必须采用空间光传输的方式。

(2) 鲁棒性低

光在空间中传输的路径取决于光学器件的光路结构和传输空间的性质。当光学器件因热胀冷缩、意外振动等原因偏离所设计的位置或者传输空间性质发生变化时,光的传输路径都会发生偏折,且偏折程度会随传输距离增大而增大,导致光无法到达目标位置。因此,需要保证光学器件和传输空间都保持在稳定的状态,才能保证空间光传输的效果。

3.1.2 光在波导中的传输原理

3.1.2.1 光波导传输的物理学基础

波导是用于引导波传输的介质装置。光在波导介质中传输时,会在横向上受到限制,从而引导光的定向传输,将损耗的能量降到最小。光波导是一种具有明确界面和确定的折射率分布的传输介质,它对光的传输具有确定的限定条件。

光在波导中传输遵循的主要基本法则包括:

① 全反射。在波导系统中,如果光线从折射率较高的介质入射到折射率较低的介质,并且入射角度超过临界值,那么光线将被完全反射回高折射率介质中,从而确保光线在该介质中的持续传播。

② 模式传播。波导中的光可以存在不同的传播模式,这取决于波导的结构和尺寸。常见的波导模式包括单模和多模。单模波导只能传播一个模式的光,适用于高速、长距离的信息传输。多模波导可以传播多个模式的光,适用于大容量的信息传输。

③ 干涉和衍射。光在波导中传输时,会发生干涉和衍射现象。干涉是指光波的叠加效应。通过调控干涉,可以实现对光的进一步控制。衍射是指光波在波导边界或结构上发生弯曲或散射,导致光的传播方向和强度发生变化。

光波导主要包括平面波导(薄膜波导)、光纤波导,以及脊型波导、埋沟波导等特殊波导。

如图 3-1 所示,当光以大角度射入具有典型芯包结构的波导内时,它先在高折射率的芯层传输,后在低折射率的包层发生折射,最终由于衰减而消失,成为非导波。当环境中入射角度减小至最大接收角 θ_{max} 时,满足全内反射条件,入射角小于最大接收角的光可以以全内反射的方式沿着波导传输,为导波。数值孔径(NA)作为其中一个相关的重要光学参数，用于描述介质中光线的最大入射角度的正弦值与入射介质折射率的乘积：

$$NA = n_0 \sin\theta_{max} = \sqrt{n_1^2 - n_2^2} \qquad (3-1)$$

式中 n_0——入射介质折射率；

n_1——芯层介质折射率；

n_2——包层介质折射率。

数值孔径反映了介质对光线的收集能力，即介质能够接收并聚焦的最大光束角度。它是衡量波导收集光线能力或与光源耦合效率的关键参数，主要由波导介质的折射率决定，而与光纤的几何尺寸无关。光在波导中的传输轨迹如图 3-1 所示。

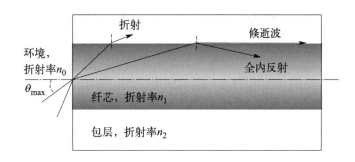

图 3-1　光在波导中的传输轨迹

3.1.2.2　光在平面光波导中的传输

平面光波导（planar lightwave circuit，PLC）是一种常见的波导结构，其特征在于光学介质内部的折射率分界面具有平面性，通常由多层具有不同折射率的材料构成。按照折射率的分布，可以将其分为均匀（阶跃型）平面光波导和非均匀（渐变型）平面光波导等。

① 阶跃型：折射率沿某一界面在整体上分布均匀，但是在特定的位置上折射率发生突变。

② 渐变型：折射率随界面的位置变化而逐渐发生变化。

经典的三层均匀平面波导结构如图 3-2 所示，由衬底层、导波层（芯区）和覆盖层组成，它们的折射率满足 $n_1 > n_2 \geqslant n_3$ 的关系。

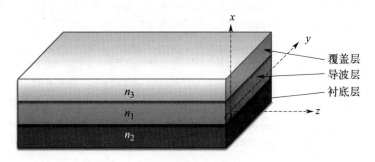

图 3-2　经典的三层均匀平面波导结构

传输损耗是指在传输过程中由传输介质等因素引起的能量或信息损失。渐变型平面光波导（亦称非均匀平面光波导）可以有效减少传输损耗，这种平面光波导是利用扩散、离子交换和离子注入等技术制备的。与阶跃型平面光波导不同的是，其在导波层具有渐变折射率；而在导波层边界，折射率是渐变的或突变的。在渐变型平面光波导中，因光线前进时可以远离界面，故能避免由界面的不规则性引起的散射损耗。根据折射率分布的具体情况，这种渐变型平面光波导又可以被分为对称渐变折射率平面光波导和非对称渐变折射率平面光波导。

对于非对称渐变折射率平面光波导，在芯包交界面 $x=0$ 处，光线发生全反射，开始向 x 轴负方向传输；随着 x 的减小，折射率 $n(x)$ 也逐渐变小，直到 $x<x_1$，光线无法继续传输，继而转向，以弧形曲线的形式沿着传播方向继续向前传输，如图 3-3 所示。

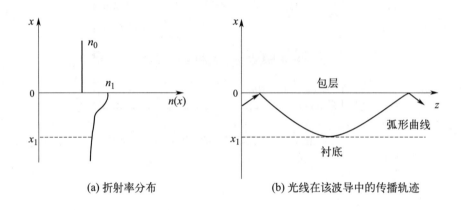

(a) 折射率分布　　(b) 光线在该波导中的传播轨迹

图 3-3　光在非对称渐变折射率平面光波导中的传播情况

对于对称渐变折射率平面光波导，光线在两个界面都会发生转折，故会呈蛇形曲线的形式向前传播，如图 3-4 所示。

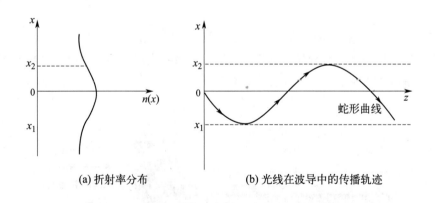

(a) 折射率分布　　(b) 光线在波导中的传播轨迹

图 3-4　光在对称渐变折射率平面光波导中的传播情况

3.1.2.3 光在光纤中的传输

光纤是目前应用最为广泛的光波导。光在光纤波导中传输的特点为：
① 光波能量以电磁波的形式在光纤内部或表面沿着轴向传播；
② 光波根据全反射原理被约束在光纤纤芯内；
③ 光波的传输特性主要由光纤波导的结构和其材料特性决定。

光纤的典型结构自内向外依次为纤芯、包层和涂覆层。纤芯和包层构成介质波导，对光起引导作用；涂覆层的作用在于增强光纤的机械强度和柔韧性。包层和涂覆层不仅用于保护光纤的核心，还能使光在光纤中传输时免受散射、吸收、外界干扰等影响，提高光传输效率并保证可靠性。

根据光纤的折射率分布特性，可以将光纤分为以下两类：阶跃折射率光纤（SIOF）和渐变折射率光纤（GIOF）。

(1) 阶跃折射率光纤

纤芯各处折射率均为 n_1，包层各处折射率均为 n_2，且 $n_1 > n_2$，在纤芯和包层分界处折射率发生突变或阶跃变化，折射率分布形式为

$$n(r) = \begin{cases} n_1 & (0 \leqslant r \leqslant a, \text{纤芯中}) \\ n_2 & (r > a, \text{包层中}) \end{cases} \tag{3-2}$$

式中　r——径向距离；
　　　a——纤芯半径。

(2) 渐变折射率光纤

纤芯中的折射率并非恒定，而是随着光线在纤芯中传播的径向位置改变而变化。从纤芯的轴线最高点开始，折射率 n_1 沿径向逐渐减小，直至达到纤芯与包层的分界面处的最低值 n_2，且该折射率在包层中保持恒定，则折射率分布形式为

$$n(r) = \begin{cases} n_1 \left[1 - 2\Delta \left(\dfrac{r}{a}\right)^g\right]^{\frac{1}{2}} & (0 \leqslant r \leqslant a, \text{纤芯中}) \\ n_2 & (r > a, \text{包层中}) \end{cases} \tag{3-3}$$

$$g = \begin{cases} 1 & (\text{三角分布}) \\ 2 & (\text{平方率分布}) \\ +\infty & (\text{阶跃分布}) \end{cases}$$

式中　g——折射率分布系数；
　　　Δ——纤芯轴线折射率与包层折射率的相对差：

$$\Delta = \frac{n_1^2 - n_2^2}{2n_1^2} \approx \frac{n_1 - n_2}{n_1} \tag{3-4}$$

光在 SIOF 中沿直线传播，在 GIOF 中光线轨迹为曲线。

3.1.2.4 光在波导中的传输损耗

尽管波导会引导光的低损耗传输，但是波导材料的固有特点以及传输时受到的外部作用对传输效率也会有极大的影响。例如在光子信息领域，波导损耗影响了光信号到达光接

收器的光功率，会极大限制光波导的信息传输能力。1966 年，"光纤之父"物理学家高琨首先提出，通过优化生产工艺和减少原材料中的杂质，可以大幅度地降低石英光纤的传输损耗。光纤损耗逐渐下降到如今的 0.2dB/km 左右，光波导得以广泛应用。所以，光波导的损耗也是衡量波导性能的关键指标之一。光波导的损耗根据损耗来源的不同，主要分为固有损耗和外在损耗两类。

（1）固有损耗

固有损耗是指光波导材料本身对光有一定的吸收和散射，因此这种损耗是不可避免的。固有损耗包括吸收损耗、散射损耗等。

吸收损耗：波导材料的量子跃迁导致光能转换为热能，进而产生光功率损耗。这种损耗可以分为三类：基质材料的本征吸收、杂质吸收和原子缺陷吸收。基质材料的本征吸收涉及紫外和红外电子跃迁与振动跃迁带引起的吸收。在光学材料中，电子和声子之间的相互作用会导致能量从光子转移到材料内部的电子和声子系统中，从而引起吸收。杂质吸收是由于材料不纯净及工艺不完善而引入的杂质所引起的。这些杂质可能包括各种过渡金属离子和其他非金属离子，它们的电子跃迁或分子振动跃迁会吸收特定波长范围内的光。例如，设计掺杂有特定杂质的光子晶体滤波器时，必须考虑杂质吸收对滤波性能的影响。原子缺陷吸收是指波导材料受到热辐射或光辐射作用所引起的吸收。原子缺陷，如空位、间隙原子等，可以作为散射中心，影响光波的传播特性。这些缺陷可以引起光子能量的吸收，从而导致损耗。

散射损耗：由于波导内部的物理结构（如折射率分布和离子浓度分布）的不均匀性，光波在通过波导时产生额外的散射现象，进而导致一部分光能量被散射出去，未能有效传输，从而引起光功率的损耗。当折射率不均匀的尺度小于波长时，主要存在瑞利散射。瑞利散射和本征吸收一起构成波导材料的本征损耗，它们共同决定了材料在工艺完善下的最低损耗水平。

（2）外在损耗

外在损耗是指与材料本身无关，主要由不同介质界面存在的变形和外来杂质引起的光传输损耗，如耦合损耗、非线性散射损耗、弯曲损耗等。

耦合损耗：该损耗主要是指在光波导系统中不同波导器件的耦合连接引起的损耗。在光学系统里，如果折射率发生突变，传输中的部分光有可能会被反射到传输的相反方向。

非线性散射损耗：该损耗主要是指当入射光功率较高时，光波导产生的受激拉曼散射和受激布里渊散射等损耗。

弯曲损耗：该损耗是指由于使用时产生的变形，或者不同介质材料热膨胀系数的不同导致的波导弯曲所引起的光功率损耗。当波导发生弯曲变形时，原本在芯层中以导模形式传播的功率会部分转化为辐射模功率并溢出，导致损耗。不同的导模在包层中倏逝场衰减程度不同，因此波导中弯曲损耗与模式阶数有关，其中高阶模式的损耗更为显著。此外，根据弯曲的严重程度，这种损耗还可以进一步细分为微弯损耗、过渡弯曲损耗和宏弯损耗。

微弯损耗是指由在波导制备过程中或在应用过程中所发生的微纳级别的变形（主要是弯曲）引起的导模功率横向泄漏。

过渡弯曲损耗是在波导发生弯曲时的突变损耗。造成损耗的主要原因是，在光波导经历弯曲时，光波由于波导形状的突然变形而无法完全适应新的几何结构，从而造成光能量损失。波导弯曲越剧烈，光场伸展越远，损耗越大。

宏弯损耗是波导在实际使用时由于不可避免的曲折或盘绕所引起的远大于波导尺寸的弯曲所带来的附加损耗。其损耗来源与其他两类弯曲损耗类似，原理上主要来自导模功率的泄漏和耦合。

3.2 空间光子传输材料

3.2.1 反射镜材料

折射率和光吸收率是选择反射镜材料时需要考虑的重要因素。常用的反射镜材料包括铝和银等金属，以及一些电介质材料。这些材料通常用于光学镀膜和薄膜等光学结构中，以控制光的传输。对于大口径反射镜，碳化硅因其优异的力学性能和热物理性能，通常被视为首选材料。金属铍虽然在特定应用中有其优势，但较高的成本可能限制其广泛应用。微晶玻璃和石英玻璃因其良好的光学性能和加工性，也是不错的选择，尤其是当成本和重量成为重要考虑因素时。碳纤维/碳化硅复合材料则提供了一种轻量化且高性能的解决方案，特别适合于航空航天领域的应用。

3.2.1.1 光学薄膜材料

光学薄膜为一类通过界面传播光束的光学介质材料，通常是沉积在基体材料上的薄层，用于控制光的传输和反射以达到低反射率或高反射率的效果。光学薄膜透光控制的基本要求包括：精确的厚度控制、高光学清晰度、与基底的良好黏附性，以及量身定制的光学特性，如抗反射、增强反射或波长选择行为。常用的材料包括氧化物、氟化物和氮化物等电介质以及铝、银和金等金属。薄膜光学结构可以是简单的单层、多层堆叠与干涉涂层，也可以是光栅或光子晶体等图案结构，具体取决于所需的光学功能。光学薄膜的主要功能包括减反（反射）增透（光透过率）、反射、偏振和干涉滤光等。

减反膜，也被称为增透膜，用于减少光学元件的表面光反射且增加透过率，从而最大限度地减少眩光并提高整体传输效率。最简单的增透膜是单层膜，通过在光学元件表面镀上一层折射率较低的薄膜来实现对特定波长光的减反射效果。为实现宽光谱减反射，多层减反膜被提出，目前比较成熟的是双层膜及使用两种不同折射率的材料嵌套叠加的四层膜结构减反膜。

减反膜材料主要包括氧化物和氮化物材料。氧化物（如氧化硅、氧化铝、二氧化钛和氧化锆等）具有优异的光学性能，可用于宽波长范围内的光学应用，同时具有良好的耐高温、耐腐蚀性能；氮化物材料（如氮化硼、氮化硅、氮化钛等），具有较高的硬度、耐磨损性和高化学稳定性，在紫外线到红外线范围内具有良好的透过率和反射率，适用于极端条件等场景。

高反射率材料则被用于隔热和保护人们的隐私，如隔热隐私膜。利用金属或纳米材料等高反射率材料，将大部分太阳光反射回去，可以有效降低室内温度，减少太阳光的直射，缓解室内热量的积累。一些特殊的隔热膜基于光的反射，形成室内外光线差，具有单向透视功能，在保护隐私的同时，也提高了美观度。

光学薄膜的制备条件要求高而精，其通常采用物理气相沉积、化学气相沉积和溶胶-凝胶工艺等技术沉积而成。物理气相沉积法包括蒸发和磁控溅射，可确保薄膜的高质量和对厚度的精确控制。化学气相沉积法可生产出成分复杂的保形涂层。而溶胶-凝胶技术则可在对温度敏感的基底上生产出成本效益高的薄膜。

光学薄膜可为各种光学设备和系统提供量身定制的光学特性。但它也有一些局限性，例如对温度、湿度和机械应力等环境因素的敏感性会影响其光学性能。随着时间的推移，薄膜还容易因磨损、化学接触或老化等因素而降解，因此需要通过适当的设计和保护措施来优化光学薄膜在实际应用中的性能和耐用性，以确保长期稳定性。

3.2.1.2 大口径天文望远镜面材料

为满足人类对更高空间分辨率、更强信息收集能力的需求，以及在深空探测和对地观测领域取得突破性进展的强烈愿望，空间望远镜反射镜口径已逐步增至十米级，且持续增长。对于在太空中使用的大型观测仪器，反射镜是首选的形式。

基于几何光学中的瑞利判据可知，光学望远镜的分辨率是指能够分辨两个相邻物像的最小角距离（亦称极限分辨角）。极限分辨角越小，光学望远镜的分辨率就越高。而极限分辨角取决于光的波长和主反射镜的直径，当波长固定时，反射镜的直径越大，极限分辨角越小。

$$\theta = \frac{1.22\lambda}{D} \tag{3-5}$$

式中 θ——极限分辨角；

λ——入射光波长；

D——反射镜口径。

因此，为了提高天文望远镜的分辨率，对大口径反射镜的需求是不可避免的。

大口径反射镜面材料内部无特定要求，但靠近表面的材料要求在一定深度层内，要满足以下关键条件：

① 微观结构好，抛光后可镀反光膜且无散射光；

② 长期稳定，以便保持镜面形状；

③ 表面可以加工，硬度均匀一致。

此外，还要求表面镜面材料线膨胀系数要小，使其少受温度的影响，并且有利于加工、检验及使用；比刚度要足够大，以制造大而轻的镜坯；具有良好的化学稳定性，抗酸、碱、潮湿大气等的性能好；可精确测量内应力，内应力愈小愈好；对于空间光学仪器，还要求能耐电子、质子、宇宙线等辐射；质量轻，易于制成轻型镜坯。

由于大口径天文望远镜往往受到恶劣的天气环境和力学环境、生产制造环境与使用环境的巨大差异、工作状态有效控制等因素限制，因此对加工性能、力学性能等提出了较高的要求。目前，大口径天文望远镜面材料主要有碳化硅材料、微晶玻璃、金属铍、石英玻璃等。

（1）碳化硅材料

碳化硅（SiC）材料目前已知有超过 200 种同质多型族，其中最常见的晶型是面心立方密堆积（FCC）的 3C-SiC 和六方密堆积（HCP）的 2H-SiC、4H-SiC、6H-SiC。SiC 中高比例的 Si—C 共价键和紧密的原子排列方式，使得 SiC 材料具有优异的物理和化学性能。

碳化硅材料具有努氏硬度为 $3000 kg/mm^2$ 的高硬度和仅次于金刚石的高耐磨性，表现出十分优异的力学性能。其热膨胀系数为 $2.5×10^{-6} K^{-1}$，热畸变系数仅为 $1.4×10^{-8} m/W$，具有良好的热学性能。相比于其他大口径天文望远镜面材料，碳化硅具有最优的力学性能和热稳定性，且能实现轻量化结构。当镜面的口径增加时，稳定的碳化硅材料依然能保持面型的稳定，受热环境影响较小，因此是制造反射镜的理想材料。

用碳化硅材料制备大口径天文望远镜反射镜的方法包括热压烧结法、反应烧结法、常压烧结法和化学气相沉积法。其中，热压烧结法和常压烧结法由于工艺过程的限制，不适合制备形状复杂或者需要精密尺寸的大口径反射镜坯。反应烧结法由于制备温度相对较低、烧结周期短、镜坯结构致密、综合性能较优，因此更符合超大口径反射镜的应用要求。但是采用前三种烧结方法制备的碳化硅反射镜的表面致密度较低，抛光性能差，通常需要通过化学气相沉积法在镜面沉积一层致密的碳化硅涂层以改善性能。

（2）微晶玻璃

微晶玻璃又称玻璃陶瓷，是通过对特定组成的基础玻璃在一定温度条件下进行控制核化、晶化等，而制备得到的含有大量微晶相和玻璃相的多晶固相材料。微晶玻璃的化学组成包括基础玻璃成分和成核剂两部分。根据基础玻璃的材料分类，可将微晶玻璃分为硅酸盐、硼酸盐和磷酸盐等几种体系。成核剂则包括贵金属盐类物质、阳离子氧化物、氟化物等。

微晶玻璃同时具有陶瓷和玻璃的双重特性。微晶玻璃具有高硬度、高抗划痕和耐磨损能力，在制造要求高机械强度的大尺寸部件方面具有一定竞争力。此外，微晶玻璃具有零膨胀或负膨胀特性，因此表现出出色的热学性能和热稳定性能。这意味着其在高温条件下更容易保持稳定，可避免发生由热应力引起的变形。减少由热应力引起的失真，对于制造精密仪器和高精度光学部件至关重要。

用于大口径天文望远镜面的微晶玻璃材料通常有以下几种：德国肖特公司的 Zerodur 玻璃、美国康宁公司的 ULE 玻璃、俄罗斯的 SITALL CO-115M 微晶玻璃。它们具有超低热膨胀或零膨胀的共同特点，这是为了满足大口径天文望远镜的超大进光量和较高角分辨率等需求，并且保证在长期使用的过程中不易受到热环境的影响。基于其优异的力学和热学性能，微晶玻璃在大口径天文望远镜领域得到了广泛应用，如世界上最大的光学望远镜 E-ELT、我国重大天文工程项目"LAMOST"等都使用了这种材料。

3.2.2 透镜材料

3.2.2.1 球面透镜

人们利用折射原理发明了透镜。在光学系统中，最常用的透镜具有从中心到边缘恒定的曲率，其表面为旋转对称的球面，因此被称为球面透镜。球面透镜可以分为凸透镜和凹透镜，按照球面形状又可进一步分为双凸、平凸、凹凸、双凹、平凹、凸凹透镜等六种。

中央部分比边缘部分厚的透镜叫凸透镜。凸透镜具有汇聚光线的作用和放大的效果，所以也叫"汇聚透镜"（也写作会聚透镜）、"正透镜"（可用于放大镜与老花镜）。凸透镜的中间部分比边缘部分厚，当光线从空气进入凸透镜的玻璃时，发生第一次折射，然后光线在玻璃内部传播，直到从玻璃中出来进入空气时发生第二次折射。这两次折射过程都会使光线偏向透镜的中心方向，即主光轴。因此，当平行光线通过凸透镜时，会被聚焦在透镜的焦点处，从而实现光的汇聚。无论什么样的光，包括平行光、发散光、汇聚光等，都可以通过凸透镜进行汇聚。凸透镜的汇聚作用是由它的光学性质和形状所决定的。

与凸透镜相反，中央部分比边缘部分薄的透镜叫凹透镜，其具有一面或两面向内弯曲的表面。由于它的发散性质，凹透镜也被称为发散透镜。当一束平行的光线穿过凹透镜时，凹透镜使光线向外偏转。光线反向汇聚的点叫凹透镜焦点。透镜中心与焦点之间的距离称为焦距。凹透镜的尺寸越大，焦距越长。凹透镜广泛应用于近视矫正。近视的人看不清远处的物体，这是因为近视患者的眼睛晶状体与视网膜之间的距离增加，导致光线在视网膜表面之前聚集，而视网膜上没有形成图像，因此患者看到的远处物体是模糊图像。由于凹透镜可以扩散光线并增加焦距，所以在近视眼前放置一个凹透镜来纠正，从而在视网膜上形成图像。凹透镜之所以也广泛应用于手电筒中，是因为当光源发出的平行光通过凹透镜时，光线在另一侧发散，从而增加了光源的半径，扩大了光的传播范围。同样可以将凹透镜应用于汽车前灯：凹透镜能够发散光线到更远的距离，有助于司机在夜间清楚地看到远处的车辆。

球面透镜的常用光学材料包括：光学玻璃和光学晶体。

光学玻璃是一种可以传输光线的非晶态（玻璃态）光介质材料。光线通过玻璃透镜以后可改变传播方向、相位及强度等。光学玻璃具有高度的透明性、化学稳定性及结构和性能上的高度均匀性，具有特定和准确的光学常数。根据材料体系，光学玻璃可分为硅酸盐、硼酸盐、磷酸盐、氟化物和硫系化合物系列。硅酸盐玻璃是制造透镜的主要材料。一般将折射率 $n_D>1.60$ 且阿贝数 $V_D>50$，或者 $n_D<1.60$ 且 $V_D>55$ 的光学玻璃定义为冕（K）玻璃，其余各类光学玻璃则分类成火石（F）玻璃。通常情况下，冕玻璃属于含碱硼硅酸盐体系，轻冕玻璃属于铝硅酸盐体系，重冕玻璃和钡火石玻璃均属于无碱硼硅酸盐体系，而大部分的火石玻璃则属于铅钾硅酸盐体系。凸透镜一般选用冕玻璃制成；相对地，凹透镜则以火石玻璃作为原材料。

光学晶体是用作光学介质材料的晶体，主要用于制作紫外和红外区域窗口、透镜和棱镜等光学元件。光学晶体材料按晶体结构的不同，可分为单晶和多晶材料。由于单晶材料具有高的晶体完整性和光透过率，以及低的输入损耗，因此常用的光学晶体以单晶为主。单晶材料包括卤化物单晶（如氟、氯、溴的化合物单晶）、氧化物单晶（如氧化铝、氧化硅单晶）、半导体单晶（如锗单晶、硅单晶）等。光学晶体在紫外、可见光和红外波段光谱区均有较高的透过率、低的折射率及光反射系数，因此适用于有特殊需要的光学透镜。

球面透镜的制备步骤：

首先进行成形。将平面的玻璃圆盘或相近的柱形透镜毛坯安装在绕玻璃圆盘的机械中心旋转的卡盘内，用内嵌金刚石的环形工具去除多余的毛坯材料并研磨毛坯的上表面，在透镜毛坯上形成球形并对表面进行粗磨。粗磨后表面具有非常多的亚表面微裂痕，但是已形成球面透镜形状的毛坯。

然后再精磨与抛光，使用散粒磨料微粒和水混合，对镜盘进行研磨。在精磨的过程中，应使球面最大限度地接近设计半径，消除亚表面损伤。此外必须考虑玻璃在亚表面损伤减到最小时控制中心厚度，并留有一定的余量以便进行抛光。精磨后可以用抛光盘将透镜抛光到特定的曲率半径、球面不规则度和外观光洁度，在抛光的过程中，透镜的半径用样板来控制。球面不规则度是球面波前的最大允许扰动量，它和半径可以用样板直接接触测量或用干涉仪测量。透镜两面抛光后，使用专用车床精密研磨透镜的边缘（对透镜定中心），将透镜研磨到它的最终直径，使透镜的光轴和机械轴彼此重合。此外，还在透镜上研磨平面或特殊的固定倒角。

透镜的初步加工已经完成，需按图纸对透镜的各项公差进行检验，检验的公差主要有：偏心（或等厚差）、通光孔径、厚度公差、矢高公差、半径公差、光圈公差和表面粗糙度。对于半径公差，除用样板检测外还需用球径仪进行抽测，以确保样板检测的准确性。对于表面粗糙度，应使用干涉仪对产品进行抽测，以便确认样板检测的准确性。

对于摄影镜头，为了保证光学性能，需要对大量像差进行校正。像差是指实际光学系统中，由非近轴光线追迹所得的结果和近轴光线追迹所得的结果不一致，从而产生的与高斯光学（一级近似理论或近轴光线）的理想状况的偏差。球差是像差的一种特定类型，是指轴上点发出的同心光束经光学系统各个球面折射后，不再是同心光束，不同倾角的光线交光轴于不同的位置上，相对于理想像点的位置有不同位置的偏离。无论是否存在测量误差和制造误差，球面镜片都会存在球差。如果使用单一的球面镜片进行校正，则通常需要有多个透镜组合才能满足相应的技术要求。对于某些特殊的高级镜头，仅依靠球面透镜可能无法将像差校正到满足使用需求。因此，人们提出了可以调整和优化圆锥常数和非球面系数的非球面透镜，以最大限度地减小像差。

3.2.2.2 非球面透镜

与球面透镜相对，非球面透镜具有一个旋转对称的表面，即其表面是光滑和连续的，符合特定的表达式。非球面透镜的曲率是从中心到边缘不断变化的，因此具有更佳的曲率半径，可以维持良好的像差校正，以达到所需的性能。

光学系统中使用的非球面主要有三种类型：

① 轴对称非球面，如圆锥曲面和回转高次曲面；
② 有两个对称曲面的非球面，如柱面、复曲面；
③ 无对称的自由曲面。

最常用的非球面表达式是一个圆锥曲面（作为基准面）的表达式和一系列高阶多项式相加，其表达式为

$$z(r) = \frac{cr^2}{1+\sqrt{1-(1+k)(cr)^2}} + a_4 r^4 + a_6 r^6 + a_8 r^8 + \cdots + a_n r^n \tag{3-6}$$

式中 r——离非球面轴的径向距离；

z——相应的垂直距离；

c——顶点曲率，$c=1/R$；

R——顶点曲率半径；

k——圆锥系数；

a_i——第 i 次非球面系数，$i=2,4,\cdots,n$。

非球面透镜最显著的优点是可以调整和优化圆锥常数和非球面系数，最大限度地减小像差。与传统的增加透镜数量来校正球差的方法相比，非球面透镜可以用较少的透镜获得较好的像差校正效果。例如，在一个有十个或更多镜头的变焦镜头中，可以用一个非球面镜头代替五个球面镜头，达到相同或更好的光学效果，从而减少了系统的长度和复杂性。在光学系统中合理地使用非球面透镜对于实现光学系统的小型化、亮度化和多功能化具有不可替代的作用。

3.2.2.3 变折射率透镜

变折射率介质是指折射率按一定规律变化的介质，因此是非均匀介质。根据折射率的变化规律，又分成梯度折射率介质和渐变折射率介质。自然界存在着多种变折射率介质，如：地球周围的大气的折射率随离地面高度增加而递减，人的眼球的折射率也是从中心向外逐渐变化的。变折射率透镜是使用具有梯度折射率的介质设计和制造的光学成像元件。其折射率分布可分为四种形式：轴向梯度、径向梯度、层状梯度、球梯度。如 1854 年麦克斯韦提出的鱼眼透镜就属于球梯度透镜，其折射率分布以球心为对称中心，能把球内的点无像散地成像到共轴点，被称为理想的"绝对光学仪器"。球梯度透镜的折射率分布满足

$$\begin{cases} n=f(r) \\ r^2=x^2+y^2+z^2 \end{cases} \tag{3-7}$$

式中　n——折射率；

　　　r——当前位置到球心的距离；

x、y、z——位置坐标。

龙勃在研究麦克斯韦"鱼眼透镜"的基础上，提出了一种对某点成球对称的折射率分布模型，其折射率分布可以用积分方程来描述。具有这种折射率分布的介质称为龙勃透镜，如图 3-5 所示，其折射率分布为

$$n=\sqrt{2-\left(\frac{r}{R}\right)^2} \tag{3-8}$$

式中　R——透镜半径。

理论分析和实验验证表明，当平行光从龙勃透镜一侧射入，会在对侧边缘形成聚焦点，通过透镜的光线在其两侧相互折射，可以形成放大的镜像。相反入射光同时从透镜边缘上的一点入射，经过透镜弯曲后会改变为沿同一个角度平行出射。在两对龙勃透镜组之间的区域形成了隐身区域，如图 3-6 所示。

龙勃透镜在天线应用领域中，可以很好地被用于波束扫描和提高天线方向性增益等应用。而在军用隐身技术方面，龙勃透镜由于反射效果好，且体积小、重量轻，可以减小风

阻，不影响战机飞行品质，因此常用于隐身战斗机执行非隐身飞行任务。当隐身战斗机在本国空域内飞行时，如果不能被空中或者地面雷达探测到，就有可能出现危险的空中事故，因此可以加挂龙勃透镜以增强隐身战斗机的雷达反射截面积，从而方便空中和地面雷达对其进行监测。

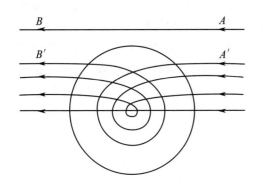

图 3-5 变折射率透镜

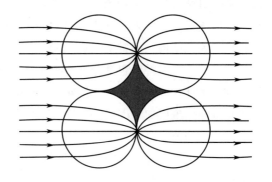

图 3-6 龙勃透镜组间为隐身区域

3.2.2.4 超表面透镜

透镜在显微镜、照相机、望远镜、数码相机、波前探测等光学仪器中是不可或缺的一部分，然而透镜模组的体积和重量往往阻碍了成像系统的小型化、轻便化进程。因此，超表面透镜提供了重要的突破口：通过巧妙地设计透镜的表面状态或者材料的折射率，能够使光线发生不同程度的弯折，从而实现与透镜模组相同的成像功能，但体积和重量却大大降低。

超表面透镜是由以超表面聚焦光的光学元件组成的一种二维平面透镜。其主要工作原理是基于材料表面的微纳结构对电磁波进行调控，并通过控制表面的相位分布来实现对电磁波束的控制。通过调整结构的形状、旋转方向、高度等参数，可实现对光的偏振、相位和振幅等属性的调控。

传统透镜模组的分辨率受到了限制，这是由于衍射极限的存在，倏逝波呈指数式衰减导致尺寸小于半个波长的成像细节丢失，无法得到完美成像。作为一种有代表性的超表面透镜，负折射率超表面透镜可以使倏逝波在其中不再呈指数级衰减，反而被增强，使得完美成像成为可能。

负折射的概念是苏联科学家韦谢拉戈在 1968 年提出的，他指出：当光波从具有正折射率的材料入射到具有负折射率材料的界面时，光波的折射与常规折射相反，入射波和折射波处于界面法线方向同一侧，如图 3-7 所

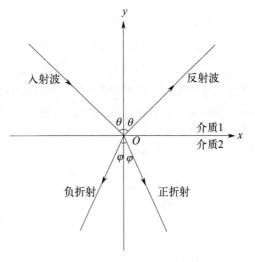

图 3-7 光在负折射率材料中的传输路径

示。在这种材料中,电场、磁场和波矢方向遵守"左手"法则,而非常规材料中的"右手"法则。因此,这种具有负折射率的材料也被称为左手材料。光波在其中传播时,能流方向与波矢方向相反。

负折射率材料作为一种新型材料,近些年相关研究比较多,但大多数还只处于实验阶段。负折射率材料相比传统材料而言,具有重量轻、结构紧凑等优势,可以设计成相对没有像差的透镜。目前人们尚未在自然界中找到具有负折射率的材料,因此现有的负折射率材料只有人工结构,通常都是在纳米尺度上对常规透光材料精细加工成周期微结构而得到的。已有的负折射材料包括金属等离子体、介电光子晶体、平面石墨烯和六方氮化硼(h-BN)异质结构等。2023 年,中国科学家在《科学》期刊上发表论文,报道了一种三氧化二钼和石墨烯覆层的 vdW 异质结构来证明中红外波长的面内负折射是发生在界面上并且是电门控可调的。

直到 21 世纪初,这种具有负折射率的材料才被制备出来,从而被应用于超表面透镜。由负折射率材料制备的超表面透镜比正折射率透镜轻得多,这是其应用于航空航天的一个显著优势。虽然两个透镜的曲率半径相同,但负折射率透镜的焦距要短得多。为了获得良好的分辨率,传统透镜需要大口径反射镜面来折射入射角度大的光线,但即便如此,它们的分辨率也受到所用波长的限制。由负折射率材料制成的平板透镜,不仅使光线聚焦,而且具有放大近场的能力,使其有助于成像。因此,负折射率透镜有助于消除波长限制。

传统的正折射率球面透镜模组增加了系统的复杂程度,还难以满足系统小型化的需求。因此,基于透镜本身使光学系统进行自我调节成为一种切实可行的方案。由超表面构成的平面透镜由于其分辨率高、体积小、重量轻、成本低、易集成、易调控等诸多优点,有望替代传统曲面透镜从而应用在各类光学成像系统中,将成为光学成像系统迈向微型化、集成化与智能化的关键元件。

3.2.3 光栅

凡具有众多全同单元,且排列规则、取向有序的周期性结构,统称为光栅。其作为一种光学元件,基本原理是利用周期性结构对入射光进行衍射或干涉,不同波长的光线会以不同的角度分散,从而实现光的分散和波长的选择。光栅通常由平行排列的凸起或凹陷的周期性结构组成,这种结构可以刻在透明基片上或者在金属薄膜表面形成。一维多缝光栅是一个最简单也是最早被制成的光栅。光栅的空间周期 d,也称为光栅常数:

$$d = a + b \tag{3-9}$$

式中 a——透光的缝宽;
b——挡光的宽度。

光栅含单缝数量 N 可用光栅有效宽度 D 和单缝密度 $1/d$ 表示:

$$N = D\frac{1}{d} \tag{3-10}$$

不难想象,制备如此多的单缝且需要严格地保持平行和等距,在技术及工艺上是一项极为精密且复杂的工作。

目前光栅的制备有两种方法:机械刻划法和全息曝光法。

(1) 机械刻划法

机械刻划法是用金刚石刀头在基底表面往返刻划出栅线。光栅刻划系统对机械元件和环境控制都有极高的要求：刀头的行程决定了刻划光栅的最大面积，而刻划行程受到刻划机丝杠等关键元件的尺寸和精度制约，这些元件的加工难度普遍比较大，同时刻划机需要配备具有高精度、高稳定性的定位系统。此外，长时间刻划导致的刀头磨损以及热效应都会影响光栅的刻线精度和均匀度，因此米级以上尺寸光栅的刻划成功率并不高。为了保证刻划质量，刀头运动速度也受到一定的制约，制作一块高刻线密度光栅往往需要数日。在世界范围内拥有大面积刻划光栅制造能力的机构屈指可数。

(2) 全息曝光法

全息曝光法是通过干涉场对涂有光刻胶的基底曝光来制作掩模，然后使用刻蚀技术将掩模形貌转移到光栅基底上。相比于机械刻划法，全息曝光法可以避免机械精度不足造成的不利影响，杂散光更少，同时制造周期也更短，是一种更具优势的制备方法。

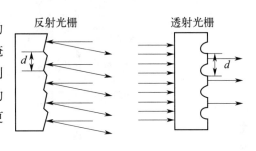

图 3-8 反射光栅和透射光栅

光栅可分为反射光栅和透射光栅。如图 3-8 所示，反射光栅是将周期性结构刻蚀在金属薄膜或反射衍射光栅表面，入射光被反射后产生衍射效应；透射光栅则是将周期性结构刻蚀在透明基片或透射衍射光栅表面，入射光透过光栅后产生衍射效应。

光栅作为一种重要的光学元件，应用于许多领域，包括光谱仪、激光器、光学通信、成像系统等。在光谱仪中，光栅可以实现光的分散和波长的选择，用于分析样品的光谱特性；在激光器中，光栅可以用来选择具有特定波长的激光输出；在光学通信中，光栅可以用来实现波分复用和光谱调制等功能；在成像系统中，光栅可以用于图像传感器的波长选择和增强成像分辨率等方面。总之，光栅广泛应用于科学研究、医学诊断、光学仪器、激光工艺等领域，成为现代光学技术中不可或缺的重要元件。

3.3 光波导传输材料

光波导是一种具有明确界面与折射率分布的传输介质，它对光的传播具有确定的限定条件，已被广泛应用于光通信等领域，并在各个领域表现出巨大应用价值。光波导种类繁多，可根据不同划分方法进行分类。本节将从基本原理、材料选择与研究现状等角度出发，重点对目前研究最为广泛的平面光波导与光纤进行介绍。

3.3.1 平面光波导材料

平面光波导（PLC）是最简单的一种波导结构，通常是将一层折射率较高的介质夹在两层折射率较低的介质之间而组成的。

为了实现光学元件的高度集成、体积小、成本低、稳定性好、可大批量生产、易与其他器件集成的平面光波导是研究的焦点,目前已被应用于通信、传感、军事等领域。可用于制作 PLC 的材料众多,包括现有研究报道的铌酸锂、磷化铟、二氧化硅以及相关聚合物等,均有其各自的特点及优势,如表 3-1 所示。

表 3-1 平面光波导材料

材料	典型波导结构截面示意图	主要特点
铌酸锂	钛膜 / $LiNbO_3$ 基体	采用质子交换、金属扩散等工艺; 电光系数高、非线性效应显著; 但传输损耗较大
石英	SiO_2 / SiO_2:Ge / Si 基底	采用 PECVD、刻蚀等工艺; 均匀性好、成品率高、传输损耗小; 仅能用于制作无源器件、散热性能较差
硅	Si 波导 / SiO_2 下包层 / Si 基底	散热性能好; 折射率对比大、集成度高; 不适合制作发光器件
磷化铟	InGaAsP → InP / InP 基底	直接带隙材料,适合用于制作发光器件、光开关等; 但耦合损耗较大
聚合物	SiO_2 包层 / Si 基底	采用旋涂、刻蚀等工艺; 成本低,电光、热光效应显著; 稳定性较差、容易老化

以铌酸锂($LiNbO_3$)为基底材料制作平面光波导的研究开始较早,该材料具有较高的电光系数与较显著的压电效应,有利于制作高速光开关、调制器以及各种可控的耦合器与波分复用器等;且 $LiNbO_3$ 晶体具有较显著的非线性效应,能够实现波长转换与产生二次谐波。镀钛 $LiNbO_3$ 光波导是该类平面光波导中较为典型的一类,其通过对 $LiNbO_3$ 基底材料表面蒸镀或溅射的一层钛膜进行光刻处理来制成所需的光波导图形,再进行扩散,并镀上石英保护层来制作平面光波导器件。$LiNbO_3$ 基平面光波导的传输损耗较大,一般在 0.2~0.5dB/cm 范围内。

二氧化硅(SiO_2)平面光波导具有损耗低、工艺容差高、与单模光纤模场匹配良好等独特优势,被广泛应用于光通信系统等领域。然而,该类光波导器件只限于制作无源器件或速度较慢的热光效应光开关,且通常尺寸较大。根据所使用衬底材料的不同,通常可将 SiO_2 平面光波导分为石英衬底与硅衬底两类。其中,石英衬底平面光波导直接采用 SiO_2 作为下包层,而硅衬底平面光波导需预先采用高温氧化或沉积方法来在硅衬底表面形成足够厚的低折射率 SiO_2 层作为下包层,以隔离折射率较高的衬底,此后制作工序相同。典型的制作方法为:首先采用等离子体增强化学气相沉积法(PECVD)在 SiO_2 下包层上镀一层具有较高折射率的特定 SiO_2 芯层膜,而后采用光刻及 ICP(电感耦合等离子体)技术等方法制作出芯层波导结构,再采用 PECVD 制作具有低折射率的特定 SiO_2 作为上包层,以此获得 SiO_2 三层平面光波导结构。对于石英衬底型 SiO_2 平面光波导而言,由于其芯层波导直接在石英上进行制作,因此能够获得良好的均匀性、较高的制作效率与较高的成品率，但其散热性能较差；而对于硅衬底型 SiO_2 平面光波导而言，由于其散热性能优异，因此常用于制作如热光开关等温度敏感器件。

关于磷化铟（InP）基平面光波导的研究也较为成熟，其中较为典型的为 InGaAsP/InP 光波导，由于其为直接带隙材料，因此可以通过掺杂与调控不同元素的组合来实现器件发光，能够用于制作有源器件，其发射光谱可覆盖可见光至红外波段，可满足通信、照明等应用需求。该类平面光波导与光纤模场不匹配，与光纤的耦合损耗通常较大，可在光回路中引入半导体光放大器来进行改善。

3.3.2 光纤材料

光纤是一种高透明、低损耗的圆柱形光波导纤维，其折射率沿同心圆横截面向外呈环形分布，它能够约束光波在其内部或表面附近沿轴线方向向前传输。有时候为了保证光信号的传输质量和减少信号传输损失，光纤还要采用特殊的光学镀膜等技术。

石英玻璃是制作光纤时最常用的材料之一。通过掺杂不同组分，可以使石英玻璃光纤（也称石英光纤）的功能集成复合，以实现更低损耗、更高效率的传输。

3.3.2.1 石英玻璃光纤

最常用的光纤材料是高度透明的光学玻璃材料，主要成分是二氧化硅。通过严格控制提纯工艺来减少原料中的过渡金属含量以及 OH^- 含量，可获得损耗极低的光纤，且在制备过程中可通过调控杂质的掺杂量来调控纤芯与包层的折射率分布。此类光纤具有损耗低、有效波长范围宽等优点，目前已被广泛应用于光通信领域之中。

石英玻璃光纤是所有光纤中适用性最广、普及度最高的光纤。石英之所以能够称为最理想的光纤制备材料，原因在于：

① 相比于塑料与晶体等，石英可以达到极高的纯度（几乎可达100%）；
② 石英原料具有合适的熔点与良好的折射率特性；
③ 石英原料来源丰富，具有较低的开发、生产成本，更有利于批量生产；
④ 可通过在石英中掺杂其他元素而形成具有不同光学性质的光纤，比如可以通过掺杂氧化锗（GeO_2）、氧化硼（B_2O_3）等杂质成分实现对石英玻璃折射率的调控，还可以通过改变石英玻璃组分来制备用于不同场合的多组分玻璃光纤。

为了获得高质量、低损耗的石英光纤，一般需要解决两个重要问题：获取高纯度的光纤原料和高精度控制光纤的几何尺寸。前者通常采用"加温-蒸馏-冷凝"工艺来实现；而后者则依赖于光纤的精密制备。制备高性能石英光纤的关键基础在于获得具有优异性能的光纤预制棒。根据自身作用不同，通常可将光纤用石英材料分为石英主要材料（包括沉积用石英衬管和外包层用石英套管等）和石英辅助材料（MCVD/PCVD 工艺用头管、尾管，OVD/VAD 工艺用把持棒、烧结管等）。对于光纤预制棒而言，通常要求所选用的石英主要材料具有高纯度、高几何尺寸精度、高结构强度以及良好外观质量等，其中对于纯度及尺寸的要求极其严格。

石英光纤预制棒的制备工艺是光纤制造技术中最重要、难度最大的工艺。传统的光纤预制棒制备工艺主要采用了气相沉积法，其原理在于利用气化后的原料气体在反应区内以一定条件进行反应,从而生成高纯石英玻璃。除此之外,科学家们也逐渐开发出了各种制备光纤预制棒的非气相沉积法工艺,比如用于制备多组分玻璃光纤的直接熔融法、常用于制作石英系光纤包层材料的溶胶-凝胶法等。

为了获得高质量的石英光纤预制棒,目前所使用的基本制棒技术主要有改进的化学气相沉积法、等离子体化学气相沉积法、管外气相沉积法、气相轴向沉积法四种。

① 改进的化学气相沉积法(modified chemical vapour deposition,MCVD)是一种设备与工艺均较为成熟的传统光纤预制棒制备方法。由于这种工艺全流程均在封闭系统内部完成沉积,因此能够有效防止杂质侵入,且该方法易于实现复杂的折射率分布、设备工艺简单灵活,因此获得了广泛的应用。然而其仍然具有易产生中心折射率凹陷、沉积速率与效率低、能源消耗大等缺点,并且由于必须使用石英玻璃管,从而限制了其制棒尺寸。

② 等离子体化学气相沉积法(plasma chemical vapor deposition,PCVD)是一种利用微波等离子体来完成化学气相沉积,从而制备光纤预制棒的方法。自20世纪50年代以来,科学家便利用微波等离子体开展化学反应研究,并开发了包括直流等离子体化学气相沉积(DC-PCVD)、微波等离子体化学气相沉积(MW-PCVD)等用于化学气相沉积的等离子体技术。由于微波等离子体具有能量大、活性强、工作性能稳定、所激发亚稳态粒子丰富等优点,因此十分适合用于光纤预制棒的制作。

PCVD与MCVD的工艺流程相似,均是在高纯石英管内进行氧化反应与气相沉积;不同之处在于PCVD采用的热源为微波而非MCVD中采用的氢氧焰,其原理为利用等离子体的非平衡过程使目标产物在衬底表面吸附沉积。PCVD法能够更为准确地控制光纤的折射率分布且沉积速度快、效率高,有利于消除沉积过程中的微观不均匀性、降低光纤本征损耗,更适合制作折射率截面分布复杂的光纤;此外,由于无须采用氢氧焰作为热源,其沉积温度较低,石英管更不容易发生变形。

③ 管外气相沉积法(outside vapour deposition,OVD)是目前生产光纤预制棒的主要方法之一,其工艺相比于MCVD较复杂,但更适合于光纤的工业化生产。OVD法的工艺流程可由沉积过程与烧结过程两部分组成,其沉积工艺顺序正好与MCVD相反,为先沉积芯棒后沉积包层。OVD工艺流程可简述如下:首先将$SiCl_4$、$GeCl_4$等原料蒸气与燃料通入到喷灯之中,利用火焰水解法(原料蒸气位于燃烧体中,与燃料燃烧产生的水进行反应)获得目标SiO_2与GeO_2等无定形粉末颗粒并在靶上进行沉积,从而形成多孔结构沉积层,如此反复即可形成圆柱形疏松结构的疏松棒;沉积完成之后将该疏松棒置于烧结炉中进行烧结,即可获得可用于光纤拉制的预制棒。采用OVD法在沉积过程中改变每层的掺杂种类和掺量,可获得具有不同折射率分布的光纤预制棒。相比于MCVD与PCVD这类管内沉积工艺,OVD无须使用衬底管,不受衬底管尺寸、膨胀系数、几何尺寸精度等限制,具有可快速制作大预制棒、可实现径向黏度/应力匹配、预制棒同心性质优异等特点,且对于原材料的纯度要求较低,因此该法的成本较低,更适合于单模光纤的低成本、大规模生产。

④ 气相轴向沉积法(vapour-phase axial deposition,VAD)自20世纪20年代以来逐渐被推广。其反应原理与OVD相同,均采用火焰水解法制作玻璃预制棒,二者主要的不同之处在于VAD工艺中预制棒的生长方向是由下而上沿靶棒轴向垂直生长的。VAD的

主要优点在于其可进行连续生产，适合制备大型号的预制棒，更有利于拉制较长且连续的光纤。

3.3.2.2 组分复合玻璃光纤

近几十年来，石英玻璃光纤的发展取得了巨大的成功，为人类带来了巨大收益，助力人类进入了信息时代。上文已对该类光纤的特点与制备方法进行了简要介绍。随着社会与科技的不断发展，对光纤的传输等性能也提出了更多的要求，高性能的多功能新型光纤已成为光纤领域的研究焦点。因此，科学家们将复合技术引入玻璃光纤之中，玻璃材料与其他高性能材料相复合赋予了光纤新的性能。

组分复合玻璃光纤是指将玻璃材料和一种（或多于一种）与之不同的材料集成在一起组成光纤结构的复合光纤。广义上，传统的玻璃光纤本身就是一种组分复合结构，其由高折射率玻璃纤芯与低折射率包层复合而成；狭义上，组分复合玻璃光纤的纤芯与包层应由不同组分的材料构成，将具有不同物化特性、不同功能的材料集成在玻璃光纤的纤芯或包层，从而实现光纤的多功能、高性能化。

不同于传统的石英玻璃光纤，由于组分复合玻璃光纤包含两种或以上的不同材料，其黏度随温度变化的特性存在较大差异，因此需要采用不同方法将不同材料复合到玻璃光纤之中。目前，科学家们已研究出包括热拉法、高压化学气相沉积法、激光加热基座生长法和压力辅助熔体填充法在内的各种方法来实现金属、半导体等与玻璃光纤的复合集成以及拉制。

通常可根据与玻璃复合的材料种类来对组分复合玻璃光纤进行分类，主要包括：玻璃-玻璃复合光纤、晶体-玻璃复合光纤、半导体-玻璃复合光纤以及金属-玻璃复合光纤等。

① 玻璃-玻璃复合光纤是指纤芯与包层玻璃材料化学组成、热力学性质与光学性能不同的光纤。自以石英玻璃为包层的复合玻璃光纤被首次制备以来，该结构光纤便得到了广泛的关注，目前已在光通信、激光雷达、生物医疗等领域实现了广泛应用。此外，该类光纤往往具有较特殊的光学性能，因此在非线性光学、光学传感与光纤器件制作中也同样具有重要应用价值。

② 晶体-玻璃复合光纤是指将晶体与玻璃材料共同集成在玻璃光纤中的光纤结构，包括纳米晶-玻璃复合光纤与单晶-玻璃复合光纤。纳米晶是指纳米维度的晶体材料，该类材料的性质对尺寸有较大依赖性。通过调控纳米晶的尺寸、形貌与化学组成，能够获得各种特殊的性能，因此将纳米晶与玻璃光纤复合能够丰富光纤的功能、拓宽玻璃光纤的应用范围。制备纳米晶-玻璃复合材料的方式主要有两种：一是通过改变外场在玻璃中析出微晶，所获复合材料称为微晶玻璃；二是将所需纳米晶与玻璃基质直接熔融复合。而单晶-玻璃复合光纤则由纤维状单晶发展过渡而来，是指以直径为微米级的单晶纤维作为纤芯、以玻璃材料作为包层的复合光纤结构。单晶-玻璃复合光纤同时具有单晶材料的优异物化性能与玻璃纤维的柔韧性及波导特性，在光纤放大器、光纤激光器与光纤传感器等器件的制作中具有巨大应用潜力。

③ 半导体-玻璃复合光纤是指将半导体材料或器件集成在玻璃光纤中的复合光纤结构。半导体-玻璃复合光纤可分为元素半导体-玻璃复合光纤、化合物半导体-玻璃复合光纤

与半导体结-玻璃复合光纤。该类光纤能够实现半导体材料的柔性化,并且由于半导体材料具有丰富特殊的光电性能、高非线性及可见光到红外的宽透光范围,因此能够赋予光纤更多的功能与更高的性能,拓宽玻璃光纤的应用场合。

④ 金属-玻璃复合光纤是指将金属材料与玻璃材料集成在光纤中的复合光纤结构。由于金属材料具有良好的导电、导热性与磁性,同时具有电磁吸收与光偏振态响应等特性,因此将金属材料复合进玻璃之中能够实现光纤的多功能化。金属-玻璃复合光纤在光纤激光与模式复用光纤通信系统中有着广泛应用。

3.3.2.3 耐高温单晶光纤

随着科学探索水平的不断提升,工业生产、航空航天等领域对于光纤工作温度区间也提出了更高的需求,然而玻璃光纤材料往往在 1000～1200℃ 之间会发生玻璃态转变,导致传统的玻璃光纤工作温度区间通常局限在 800℃ 以下。因此,为了使光纤器件在高温条件下依然能够具有优秀的工作性能,研制具有高热稳定性的光纤波导便成为研究的焦点。

为了实现高温条件下的光纤传输,用于制作光纤的材料需满足以下两点要求:

① 具有高软化点温度或高熔点且热稳定性良好;

② 具有优异的光学性能,能够满足光信号传输的基本需求。

单晶光纤具有高熔点、高强度、稳定的物理化学性能等,因此成为解决上面提及的玻璃光纤热稳定性不足、使用寿命低以及工作温度区间受限等问题的有效方案。单晶光纤常用的材料包括氧化铝(Al_2O_3)、氧化镥(Lu_2O_3)、铌酸锂($LiNbO_3$)等,其中蓝宝石($\alpha\text{-}Al_2O_3$)是目前发展最成熟、用途最广泛的单晶光纤材料之一。

蓝宝石光纤在实现光波导结构的基础上继承了 Al_2O_3 单晶的优良性能。相比于石英光纤,其在高温条件下具有更好的物理、化学稳定性,并且在紫外到红外波段内均具有优异的光导性能。其熔点可高达 2045℃,具有优秀的物理、化学稳定性且机械强度高,是一种性能优异的耐高温材料。除此之外,蓝宝石单晶具有优异的光学性能,在 0.3～4.0μm 波段内具有高光学透过率,是一种优良的光学材料。基于上述几点,作为一种兼具优异的耐高温性能与光学透过性能的耐高温光学材料,蓝宝石单晶成为耐高温光纤材料的首选方案。

蓝宝石单晶光纤的制备通常可采用激光加热基座生长法以及微下拉法等工艺。

激光加热基座生长(laser heated pedestal growth,LHPG)法是目前单晶光纤最主要的制备方法,其以传统的光学浮区法为基础,又可称为激光浮区法,通常采用 CO_2 激光作为加热源。采用 LHPG 法制备单晶光纤的基本流程可归纳如下:

① 将料棒与籽晶移动至反射镜焦点附近;

② 逐步提高 CO_2 激光功率,通过反射镜在料棒顶端形成稳定熔区;

③ 将籽晶浸入熔区并形成平稳的固液界面;

④ 通过调整料棒的进给速度与籽晶提拉速度以实现单晶光纤的可控生长。

不同于传统的熔体法,LHPG 法由于使用 CO_2 激光作为加热源,因此可以生长出高熔点的晶体材料;除此之外,利用 LHPG 法所制作的单晶光纤生长速度快、纯度高且理论上直径可控,这是传统熔体法所难以实现的优势。然而,巨大的温度梯度(>1000℃/

cm）在为 LHPG 法带来生长速度快的优势的同时，使晶体内部产生大量热应力，这大大局限了所制作晶体的质量，也使得 LHPG 法的直径控制能力难以达到拉送比控制法所能实现的理论极限（<100μm），为单晶光纤制作带来了巨大挑战。为了实现单晶光纤的直径可控，需要严格调控系统内的各项参数，其中最主要的是激光加热功率、进给速度以及晶体生长速度。近年来，通过对这些参数进行严格控制，美国罗格斯大学、沙斯塔晶体公司等单位均已实现直径可控的 LHPG 法，制作出了百微米及以下直径的单晶光纤。

微下拉法（micro-pulling-down，μ-PD）是由金京镇等人在 1976 年提出的晶体生长技术，在之后的几十年的时间内得到了飞速的发展与完善，目前已成为单晶光纤制备最有效的方法之一。采用微下拉法制作单晶光纤时，熔体将通过坩埚底部的微孔并与下方的籽晶形成稳定熔区，经籽晶向下牵引而进行单晶生长。相比于传统的熔体法，微下拉法具有成本低、晶体光纤截面可控、分凝系数大等优势，从而在新型单晶光纤制备中表现出了巨大的潜力。

我国对于单晶光纤领域的研究开展较晚，经过科研人员的不懈努力，自 20 世纪 90 年代以来单晶光纤制备工艺飞速发展。目前，我国已自主设计并采用 LHPG、μ-PD 等方法成功制备出包括蓝宝石光纤在内的单晶光纤。基于上述制备工艺，目前相关企业已可制备出高质量的蓝宝石光纤，在温度高于 1000℃ 的环境下能够长期稳定工作，且在超过 1500℃（高于石英光纤软化温度）的环境条件下仍然可进行光信号传输。

尽管蓝宝石光纤是一种具有优良性能的耐高温光波导，但受自身制备工艺限制，如今市面上的蓝宝石光纤并不具备可持久耐用的光学包层，这不仅使得蓝宝石光纤缺失良好的光学约束层而存在较高的散射损耗，在长期处于高温等恶劣环境下时还会导致光纤表面损伤而加剧散射损耗，导致传输性能下降。为了解决这一问题，人们提出了蓝宝石衍生光纤（sapphire-derived fiber，SDF）的概念。蓝宝石衍生光纤是指以蓝宝石单晶为芯棒、石英为套管，采用下拉法所制成的一种耐高温特种光纤。这类光纤能够在引入光学包层的同时保有蓝宝石单晶的耐高温性能，在目前的报道中已证明其可在 1600℃ 的高温下正常工作。

3.3.2.4 抗辐射光纤

石英玻璃光纤具有高稳定光学性能、优异的抗电磁干扰与抗腐蚀性能，在航天航空、核工程等高辐射恶劣环境之中具有重要应用价值。然而这些特殊场合中高能射线的辐照往往会引起石英玻璃光纤光学性能的改变，为了解决这一问题，使得光纤能够适用于辐射环境，人们研究并提出了抗辐射光纤的概念。

抗辐射光纤（radiation resistant fiber，RRF）是指具有抗辐射特性的光导纤维，以石英玻璃光纤为基础发展而来，自 20 世纪 80 年代被提出后便广受关注，目前仍然是特种光纤领域的研究焦点之一。对于一般的纯硅纤芯石英光纤，由于光纤材料的内部结构均由 SiO_4 四面体所构成，网络结构整齐，因此其本身具有良好的抗辐射特性。对于一般的石英玻璃光纤而言，尽管四面体结构较为稳定，但若长期暴露在一定辐射条件下，也容易对材料的晶格结构造成损伤，从而影响光信号的传输能力；此外，在通信光纤之中还往往含有掺杂材料、羟基基团等，从而导致了其抗辐射性能发生变化。因此，实现光纤材料的抗辐射便显得十分重要。

对于一般的石英玻璃光纤而言，在辐射环境下光信号的传输能力往往会发生复杂而明显的变化，包括传输损耗急剧增加等，这些现象主要来源于辐射导致光纤的石英玻璃材料发生了物理化学变化而产生的内部缺陷，其中形成的最主要的缺陷为"色心"。色心是指材料中对特定波长的光产生选择性吸收的缺陷。由于一般的石英玻璃光纤材料中存在氧空位、间隙氧原子、过氧连接等电子和空穴的捕获中心，当材料受到射线辐照时，产生的空穴或电子易被这些缺陷捕获而产生色心，使其对特定波段（尤其是紫外波段）产生强烈吸收从而导致了光纤传输损耗的急剧增加。

基于上述问题，为了改善色心对于光纤传输能力的影响，目前对于抗辐射光纤的研究主要聚焦于降低色心辐射诱导吸收所引起的损耗。上文提及纯石英光纤材料本身具有良好的抗辐射性能，因此目前对于抗辐射光纤制备的研究一般在石英光纤上进行。本小节将从石英光纤出发，对其抗辐射性能的实现方式进行介绍。

在传统的石英光纤中，可采用纯石英材料作为纤芯、内包层掺氟或其他不易产生色心的元素，再做特殊处理的方式来实现石英光纤的抗辐射，但这类光纤在实际应用中往往具有较大的弯曲敏感性，因此还可采用掺锗石英材料作为纤芯、掺氟石英材料作为包层的方案，在满足实际弯曲条件的同时实现抗辐射特性。近年来，掺氟抗辐射石英光纤的可行性已得到了广泛验证，乌克兰科学家扎贝扎伊洛夫等人对不同含氟量的石英光纤进行了抗辐照性能测试，结果表明含氟量大的石英光纤更适合条件恶劣的辐照环境；日本科学家新井和男等人则证实了氟的引入能够消除 Si—Cl 键且不额外引入其他易产生色心的缺陷结构；此外，英国科学家吉拉德等人采用上面提及的纤芯掺锗、包层掺氟的方案，结果表明光纤对于 X 光具有优异的瞬间耐辐照性能。

掺氮石英光纤是一类较为特殊的抗辐射单模光纤，其以掺氮石英光纤材料作为纤芯、以纯石英材料作为包层，需要采用特殊工艺进行制备。受氮掺杂的影响，光纤材料内的羟基含量将会减少，从而减少羟基对于近红外光的吸收，使得光纤工作波段能够延伸至 $1.3\mu m$ 及 $1.5\mu m$ 波段，且在经 γ 射线辐照后该光纤材料不易形成色心，能够实现对 γ 射线辐射的良好抵抗能力。早在 1995 年，俄罗斯科学家迪亚诺夫等人便研究、提出了这种掺氮石英光纤的制备方法并报道了其优异的抗辐射性能能够与纯石英纤芯的光纤相媲美，且远胜于纤芯掺锗、包层掺氟的光纤。然而，由于掺氮石英光纤的制备工艺较为复杂，目前仍缺少实际应用。

高温加压氢化处理光纤是另一类抗辐射光纤。它通过在高温高压条件下对单模光纤进行氢化处理获得，该方法能够降低辐照诱导的色心缺陷浓度（尤其是由 γ 射线辐照所引起的辐射诱导吸收），从而达到抗辐射效果。然而，由于氢化处理过程会向光纤材料中引入额外的羟基基团，因此易造成近红外区吸收损耗提升、传输能力下降，而不利于远距离、长波长传输。为了减少氢化处理过程所带来的附加损耗，还可采用氘气处理以制备传输性能较为优异的抗辐射光纤。

研究表明，对光纤材料进行预辐照以及"热退火"或"光退火"可以提高光纤的抗辐射性能。对于石英光纤材料而言，其对于辐照具有一定的自修复能力，而在光或热的作用下该修复过程将得到加速，因辐照而受损的网络结构会更快地修复，这两种修复方式便被称为"光退火"以及"热退火"。2020 年，文建湘等人采用预辐照结合 980nm 光处理

（光退火）和液氮低温处理的方法，提高了保偏光纤的抗辐射特性，验证了该方法的可行性。

3.3.2.5 纳米线光波导

纳米线光波导是指横向尺寸为亚波长或纳米尺度的一维光导器件。其因为在纳米尺度上能够表现出奇特的性质而备受瞩目，既可以充当光学元件，又可以充当各元件间的连接线路。它作为下一代纳米集成体系最基本的单元模块，成为目前微纳光子学的重要研究内容，在光子技术、光通信、生物医学、信息存储等领域有着广阔的应用前景。

在目前的研究中，纳米线光波导一般可采用激光烧蚀法、气相-液相-固相生长法、电子束刻蚀法、热蒸发生长法、金属催化分子束外延生长法等方法进行制备，其中激光烧蚀法与气相-液相-固相生长法较为典型。

根据光波导材料类型的不同，可将纳米线光波导分为无机纳米线光波导以及高分子纳米线光波导，其中无机纳米线光波导可分为玻璃、半导体及金属三类。

（1）玻璃纳米线光波导

石英（二氧化硅）是玻璃纳米线光波导的最常见材料，基于此制得的二氧化硅纳米线具有远小于其他纳米线光波导的传输损耗，且拥有较为优异的机械强度与弯曲性能。关于二氧化硅纳米线的报道最早可追溯到2003年，童利民等人采用两步拉伸法成功制备出表面平整、直径一致的石英纳米线光波导，并于2006年利用块状玻璃成功制备了玻璃纳米线，研究结果表明其具有优异的导光性能。

（2）半导体纳米线光波导

气相-液相-固相生长法是制备半导体纳米线的典型方法，采用这种方法能够制备包括硅纳米线、ZnO纳米线等在内的各种半导体纳米线。作为一种特殊的光波导材料，半导体纳米线光波导具有对光约束能力强、群速度色散可调等特点，在非线性光学等领域具有巨大的应用潜力，是发展非线性集成化、光子器件小型化的理想载体。

（3）金属纳米线光波导

在目前的研究中，金属纳米线通常由软溶液工艺制备而成，通过合适的方式能够将光耦合进金属之中，使得金属与介质界面发生电磁振荡，从而将光场约束在远小于波长的空间尺度之中，具有制作高密度光子器件的潜力。

3.4 无机光子传输材料的应用

3.4.1 天文观测

天文观测是观测天体的活动，丰富着人类对宇宙的认识。天文望远镜是天文观测的重要光学仪器。由于天文观测中需要观测较远的天体，其正常的光传输难以被肉眼观测，所以需要使用望远镜对空间光的传输进行折射、反射，因此天文观测与光子传输密不可分。天文望远镜利用透镜或反射镜以及其他光学器件观测天体，既能放大遥远天体的张角，看清角距更小的细节，同时还能看得远，能够收集到比瞳孔（直径最大8mm）大得多的光束,并进行长时间累积曝光,看到更暗的天体。

1609年,意大利科学家伽利略发明并制成世界上第一架投入科学应用的、放大倍率40倍的双筒天文望远镜,并首次证实夜晚天空中的银河实际上是由无数肉眼无法分辨的恒星所形成的。从此,人们的宇宙观发生了巨大的变化。

按照观测波段划分,天文望远镜可分类为:

① 空间望远镜,如γ射线望远镜、X射线望远镜、紫外望远镜等。因为太空的微重力环境,空间望远镜的稳定性、分辨率等都会优于地面的望远镜。这类望远镜的观测对象包括致密天体碰撞、黑洞、中子星等。

② 地面和空间观测望远镜,如光学望远镜、近红外望远镜、远红外望远镜、毫米波望远镜、射电望远镜,因为紫外波段会被大气吸收,观测条件不好,所以地面、空间观测望远镜通常采用可见光到红外的工作波段。这些望远镜的观测对象包括宇宙尘埃、红巨星、原恒星、行星等。

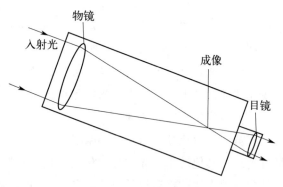

图 3-9 折射式望远镜

光学望远镜工作在可见光波段 0.4~0.7μm。根据球面系统来划分光学望远镜,主要可以分为折射式、反射式和折反射式。

折射式望远镜有伽利略型、开普勒型,如图 3-9 所示。折射式望远镜影像清晰、稳定,容易观察高反差天体;操作简单,容易使用;镜筒封闭,不容易受到温度的影响,容易保养。缺点是:有色差,且口径越大时色差越大,口径越大时望远镜越重,镜筒长、不容易架设,价格较贵。

反射式望远镜有主焦点系统、牛顿系统、卡塞格林系统、耐施密斯系统等,如图 3-10 所示。其优点为无色差,焦距与口径的比值小,对观察星云、星系等暗色天体有优势,成本较低;缺点包括光轴不容易正确调整、影像较淡、易受空气扰动的影响,且镜头是开放式的,容易受到温度影响,不易保养。

折反射式望远镜兼顾折射望远镜和反射望远镜的优点,其中应用最广泛的有施密特望远镜,如图 3-11 所示。折反射式望远镜可以提供任何的天文观察,镜筒极短,体积小,方便携带,而且镜筒密封,能减少空气干扰的影响,容易保养;但要利用移动主镜来对焦,需要副镜来反射光线,价格昂贵,改正镜制作困难。

对于天文观测来说,由于天体光线暗弱,天文观测用望远镜口径(物镜片直径)大小是最重要的。口径越大,通光量就越大,成本、体积就越大。天文望远镜也是参考口径进行命名的,如:120cm级、4.03m级。口径越大,能收集的光量就越多,聚光本领就越强,越能观测到更暗弱的天体,因此天文观测用望远镜应尽量选择大口径的。

LAMOST望远镜就是由大口径(6m)、大视场(5°)天文望远镜,以及4000根光纤组成的超大规模光谱观测系统。球面主镜尺寸 6.5m×6m,由37块1.1m对角径的六角形球面镜拼接而成。反射改正镜尺寸 5.7m×4.4m,由24块对角径1.1m的六角形主动非球面镜拼接而成。

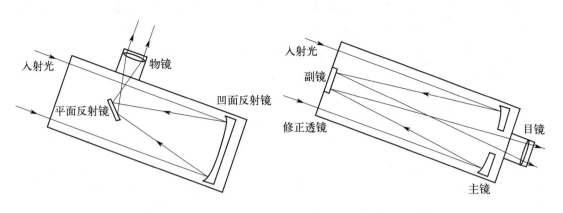

图 3-10　反射式望远镜　　　　图 3-11　折反射式望远镜

现代大口径光学系统均采用反射式结构，其中主镜口径直接决定了系统的分辨能力。当口径超过一定量级时，会对光学材料和光学加工均带来巨大的挑战，系统所需高面型精度（20nm）、低热膨胀系数的反射镜是制造的核心关键点。

3.4.2　光学隐身

隐身技术（亦被称为低可探测性技术）是传统伪装技术的一种应用和延伸，它的出现使伪装技术由防御性走向了进攻性，从而提高对敌人的威胁力。隐身技术是一门与系统工程、信息技术、自动控制、激光技术、红外技术以及光学等许多科学技术密切相关的综合性交叉技术，它将声、光、电、热领域中的对抗集于一身，光子传输在其中应用的重要性不言而喻。

低可探测技术通过多种途径，设法尽可能减弱自身的特征信号，降低对外来电磁波、光波和红外线的反射，达到与它所处的背景难以区分的效果，从而把自己隐藏起来。在视觉上隐身是其中一种重要的低可探测性技术。最简易的光学伪装系统仅需 4 个反射镜，景象通过平面镜的 4 次反射、成像，便能从左边传输到右边。

自然界中，能够隐匿身形的动物并不鲜见。捷蛙、竹节虫，甚至北极熊等大型动物在漫长的进化过程中进化出了一套自己的保护色。这种保护色在生物学中被称为"拟态"，它可以使生物的散射光与背景类似。捷蛙的皮肤与森林、草原背景环境对光频段电磁波的散射十分相近，这令捷蛙获得了隐匿身形的效果。人类从这一类隐身中也获得了灵感，一个典型的应用就是吉利服：对于远距离的侦查者来说，很难将身着吉利服士兵的散射波与丛林背景的散射波分辨开来，所以吉利服可以起到很好的隐匿作用。

现代意义上的低可探测性技术研究始于 20 世纪 70 年代中期，一直受到发达国家的高度重视，是当前军事高技术领域中一个特别瞩目的课题。现代低可探测性技术研究主要用于满足军事需求，如设计隐身飞机、隐身导弹、隐身舰艇、隐身军车等武器装备。美国非常重视这项技术的研究，并且在低可探测性技术方面持续处于领先地位。时至今日，世界军事装备已进入隐身时代，特别是先进战斗机的隐身能力，已成为隐身时代的标志。

幻觉光学（亦被称为光学迷彩）从广义上来说是隐身技术的延伸。幻觉光学器件同样可以通过调整物体散射达到隐身目的，但幻觉光学并非将被隐身物体的散射消除至零，而是调节为某个特定的非零值，以此来欺骗探测器。譬如在现代空战中，战机的尾焰是高温物体，会向外界产生极强的红外辐射场，当被敌方红外制导武器锁定时，战机可以通过抛出有更高温度的红外干扰弹做诱饵来躲避敌方的追击。这种隐身方法不直接隐藏物体，而是制造出其他干扰性目标。

3.4.3 光纤通信

光子传输的关键问题在于实现远距离的光信息传输。早在20世纪60年代，随着激光的诞生，科学家们便开始致力于研究利用激光来实现自由空间光通信。自由空间光（free space optics，FSO）通信是指以光波为载体来实现在真空或大气中传输信息的光通信技术。然而，该技术具有散射损耗大等劣势，因此自低传输损耗光纤被首次提出以来便逐步被光纤通信替代。从此光通信领域便进入了光纤通信的新纪元，仅几十年时间便得到了飞速的发展。直至目前，在光信息传输领域使用量最多的仍是光纤通信技术。

光纤通信是现代通信领域中的主要信息传输方式，主要利用石英光纤作为传光介质，以光为信息载体将信息由始端输送至终端，从而实现信息传输。据统计，目前全球80%以上的信息是通过光纤进行传输的。在光纤信息传输过程中，由于光纤具有损耗低、可传输多元信息、抗电磁干扰、质量轻、体积小等优点，因而光纤通信具有传输质量高、传输距离远、中继距离长、抗干扰能力强等特点，十分有利于进行远距离的信息传输。随着光纤通信不断发展，目前光纤通信已被研究并应用于高速传输系统、密集波分复用系统、光纤到户以及全光网络等场合之中。

(1) 高速传输系统

光纤通信系统的传输速率是由低到高不断发展的。自光纤通信技术诞生以来，光传输系统的传输速率便逐步由数百Mb/s向更大速率发展，目前已可实现400Gb/s及以上的传输速率。在目前的实际应用中，25Gb/s、50Gb/s、100Gb/s光传输模块仍然是主流，其中100Gb/s仍为干线传输主要速率；200Gb/s光传输模块与400Gb/s光传输模块也已投入应用并初具成效。随着5G时代的来临，为了推动社会数字化转型，对于光信息传输速率的要求也逐步提高，未来光信息传输速率将会持续向更高速发展。目前，实现800Gb/s光传输模块在光通信领域的应用已成为主要目标。

(2) 密集波分复用系统

对于石英光纤而言，其具有较宽的低传输损耗区，然而目前所使用的传输系统的基本容量均尚未达到低损耗带宽的极限，甚至只占其中一小部分。因此，为了充分利用石英光纤低损耗带较宽的优势，提高整体系统的实际性能、经济效益与设计灵活性，可采用波分复用（wavelength division multiplexing，WDM）技术，利用合波器将多种不同信号光在始端耦合进光路，实现多种不同光波信号在同一根光纤中的传输。在WDM中，当光波间频率间隔为200GHz（或波长差距达1.6nm）或更小时，则可称为密集波分复用（dense wavelength division multiplexing，DWDM）技术，该技术能够显著提高光纤带宽的利用率，主要应用于长距离光路与城域网之中。目前，密集波分复用的关键技术已较为成熟，随着该技术的进一步发展，系统传输容量将进一步增长，可通过增多复用波长数量、拓宽应用波长范围等方法来实现传输容量的提升。

（3）光纤到户

在信息高速公路中，光纤接入网是最后的一个环节，是将众多信息汇聚接入千家万户的关键技术。光纤接入网的应用可统称为 FTTx，根据光纤到达位置可分为多种不同形式，其中光纤到户是光纤宽带接入的最终方式，通过全光接入充分发挥光纤传输的宽带特性，实现不受限制的带宽，充分契合宽带接入的需求。

光纤到户（fiber to the home，FTTH）是指光纤到住宅用户或商用办公室处安装的光网络单元（optical network unit，ONU）并将光纤延伸至终端用户的应用形式。FTTH 具有安装简单、维护方便、带宽较宽、传输速率较大等优点，能够为用户提供丰富便捷的网络体验，且随着技术的不断发展与优化，FTTH 的成本大大降低，逐步向实用化迈进。

目前光纤到户技术主要可分为两类，包括点到点光接入技术与点到多点光接入技术。

点到点光接入技术又称为光纤有源接入技术，是将电信号转换为光信号进行远距离传送的方法。该技术从局端到用户均使用同一根光纤，可实现二者的直接连通，具有结构简单、安全性较好等特点，但在大规模应用情况下需铺设大量光纤，导致成本较高、维护困难，因此不适合于密集用户区域的大规模应用。

点到多点光接入技术即光纤无源接入技术，通常利用无源光网络（passive optical network，PON）的形式实现。该技术能够在极大程度上减少局端光模块和光纤数量且铺设容易，适用于用户数量较多的情况，但技术难度相对较高。

（4）全光网络

随着时代的发展与科技需求的提高，尽管波分复用技术能够实现光纤宽带特性的有效利用，但在波分复用系统中仍需经过光电转换、电光转换以及电信号转换过程，存在传输的电子速率限制。为了克服这一瓶颈，人们提出构建全光通信网络（all optical network，AON），从而实现对光信号的直接处理。

全光通信网络指的是从始端节点到终端节点的信号传输与交换均采用光技术完成的宽带网络，它包括了光传输、光放大、光存储、光交换、光信号处理等各种全光技术。相比于 WDM 系统，它能够更加充分地提升传输容量、传输速率与传输质量，且由于全光网络为全透明网络，因此更有利于兼容不同速率、调制频率的信号。此外，全光网络还有利于实现网络动态重构，能够为大业务量的节点建立直通光通道。

3.4.4 航空航天

近年来，随着航空航天等产业的飞速发展，由于在特殊的实际应用场合中常常伴有高温高压、强辐射、强腐蚀等极端恶劣环境，因此对在极端场景下进行光子传输的光纤器件也提出了更高的要求。本小节将从耐高温与抗辐射两方面展开，介绍极端环境下光纤的应用、研究现状。

（1）耐高温光纤应用

光纤作为一种尺寸小、质量轻、抗电磁干扰、耐恶劣环境的光学器件，在光学传感器领域备受瞩目。目前市面上的光纤温度传感器主要基于 FBG（光纤布拉格光栅）中心波长偏移来实现对温度的解调监测，器件工作时环境温度的变化将被转换为光信号；而为了实现感传一体（传感与传输一体）与远距离监测，便要求温度引起的光信号变化能够传输至数据分析端，因此光子传输在光学传感器中占据了重要的地位。

随着工业的发展，传统的石英光纤已难以满足航空航天、核工业以及先进制造业等领域的飞速发展对高温探测的稳定性与光导需求，而为了弥补高温条件下的光纤器件空缺，诞生了以蓝宝石光纤为代表的耐高温光纤。近年来，蓝宝石单晶光纤发展迅速，已成为目前高温环境温度监测与温度信息传输的主力军，可实现 1000℃以上温度光信号的稳定输送与判定。2004 年，加拿大科学家格罗布尼克等人将多模蓝宝石光纤应用于温度光信号的传输之中，并在 1500℃下未观察到发射光信号的衰减和滞后；美国科学家威尔逊等人则在蓝宝石光纤上实现了多位点温度光信号接收，在 1300℃下仍然能够稳定地接收到不同位点传输回来的光信号；庞福飞等人于 2019 年报道了一种基于 SDF（蓝宝石衍生光纤）的 FPI（法布里-珀罗干涉仪）传感器实验，结果表明将光纤长期置于 1200℃下工作并未影响到光纤传输的光信号，并且在 1600℃下所接收到的光信号未失真，证明了该类光纤具有优异的耐热光导性能。

（2）抗辐射光纤应用

近年来，面向航空航天、核工业以及军事领域等的应用条件，传统的掺锗石英光纤不再能够满足辐射环境下光子传输的应用需求，因此抗辐射光纤被提出并被研究应用于核爆炸诊断、核反应堆内部监测、医用内窥镜的 γ 射线消毒、等离子条件下聚变反应堆监测、海底光纤光缆通信以及航天航空等高能辐射环境之中。其中，面向航空航天应用，卫星用光纤陀螺是备受瞩目的研究方向之一。

光纤陀螺（fiber optic gyroscope，FOG）是一种基于萨格纳克效应的角速度光纤传感器，能够精确定位运动物体的方位，具有长寿命、高可靠性，可替代传统的机械陀螺仪，实现对卫星姿态的控制。在目前的研究当中，光纤陀螺通常可由保偏光纤构成。由于卫星长期暴露于辐射环境之中，因此对于光纤陀螺而言，最大的问题之一便是辐射条件下光纤传输损耗的增加。为了能够实现卫星的长时间运转、长寿命，光纤陀螺需拥有优异的抗辐射性能。目前，抗辐射光纤陀螺已在航空航天领域获得了广泛应用：早在 2004 年，美国"勇气"号与"机遇"号探测车便依据光纤陀螺导航系统成功登陆火星，并成功执行了各项空间任务，证实了抗辐射光纤陀螺具有优异的抗辐照能力，能够满足太空探索的严苛要求。

3.4.5 生物医疗

随着科技发展与社会需求的不断提高，光子传输被研究并应用于生物医疗领域，为人民健康提供了更大的保障。以光纤为例，由于光纤具有柔韧性好、体积小、质量轻以及可实现激光输出、信息传输等特点，因而被广泛应用于医学领域。其对光信号的优异传输性能使其能够应用于制作光纤内窥镜，实现光纤医疗诊断。此外，基于光纤激光输出与传输的光纤激光器也可应用于医疗场合，在医学诊断中可充当光谱激发源，而在激光治疗中可作为治疗方式，实现组织的凝聚愈合与病变组织的切除。

（1）光纤内窥镜

内窥镜是一种配备光源的镜头成像管状结构，能够实现对物体内部状态等信息的检测。传统的常规内窥镜由一系列接续的透镜组成，其插管具有较大的刚性且直径、体积均较大，仅适用于表面形状简单且易于插入刚性插管的物体。这种内窥镜应用范围较窄、操作困难，且会给病人带来较大的痛苦。因此，为了解决传统内窥镜存在的问题，人们研发了光纤内窥镜。

光纤内窥镜通常主要由物镜、传像束和目镜等组成。物镜将所观察目标的图像信息成像于传像束的端面，传像束将图像信息传输到另一端面，使观察者能够利用目镜进行观察或利用电子成像系统在显示器上观察。根据应用场合的不同，可将光纤内窥镜分为工业光纤内窥镜与医用光纤内窥镜，前者能够在不拆卸、破坏组装的前提下实现在高温、辐射、强电磁干扰等特殊场合中对设备、物体内部的检查，后者则能够实现对人体内部器官、组织的检查。下面主要对医用光纤内窥镜进行介绍。

医用光纤内窥镜的关键结构为光纤束。图 3-12 为内窥镜中探测端光纤束截面示意图，其中照明束用于传输光以照亮器官，传像束用于传输器官的图像信息，而辅助通道可根据实际需求完成其他功能。对于光纤内窥镜而言，由于其具有优异的柔韧性且直径、体积很小，因此更适合于人体结构，从而拓宽了内窥镜的应用范围。为了贴合人体内部的复杂结构，现有光纤内窥镜多采用超细内窥镜以减轻病人的痛苦。基于此，目前在医疗领域已制作出用于检查食道、支气管、胃、肠等人体各个部位的内窥镜并投入应用。此外，利用光纤束的辅助通

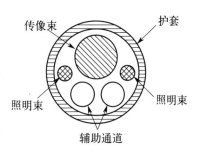

图 3-12 医用内窥镜中探测端光纤束截面

道等，在检查、诊断的基础上还可实现异物取出、息肉摘除、机械止血等非手术疗法，具有无创、直观、便捷的优点，已成为医学领域临床、诊疗的重要器件。

（2）激光治疗

实现无创、微创治疗是现代医学的发展目标之一，激光治疗便是在此环境下诞生的快速诊疗的新兴技术。由于光纤能够实现激光输出与光能输送，因此可将激光光能沿着光纤光路输送进人体，在目标位置实现对病理部位的治疗。在目前的研究应用中，通常可根据所使用激光功率对激光治疗进行归类，包括低强度激光治疗与高强度激光治疗两类。

当所使用的激光能量较低时，称为低强度激光治疗，即利用不会引起组织细胞不可逆性损伤的激光来进行照射治疗的方法。其原理在于低能激光束具有光作用与热作用等生物刺激作用，能够改善照射区域组织的免疫、修复等功能，从而实现无创治疗。比如，利用低能激光对出血位置进行局部加热，使血液凝结而起到止血作用；或利用激光束使两个组织细胞间界面处的蛋白质凝结，从而起到组织细胞的黏合作用，促进创口的愈合或血管的连接。该技术目前已被研究并应用于激光理疗、激光穴位照射、激光血管内照射、激光血管外照射等医疗场合之中。

当所使用的激光能量较高时，称为高强度激光治疗，即利用大功率激光对组织细胞的去除作用来实现病理治疗的方法。目前其已被广泛应用于各类手术治疗与光动力疗法之中，并且可与内窥镜相结合，实现人体内部组织器官检查与治疗一体化。

在光纤激光手术中，通过石英光纤所制得的光纤刀能够将高功率的激光能量传输至人体的各个部位，所发射出的激光辐射能量被目标组织所吸收从而产生剧烈的热效应、光化学反应与机械效应等，短时间内便可急剧升高组织温度，实现病变组织的切除，从而达到治疗目的。该技术目前已被应用于肿瘤切除等手术之中，具有过程简单、出血量少、后遗症少、微创等特点。

除此之外，通过改变激光脉冲能量与脉冲数实现对眼角膜的刻蚀，从而对近视、远视、散光等视力问题进行矫正，具有热损伤小的特点；还可利用石英光纤将激光引导至体内结石部位，利用激光在结石表面瞬间形成等离子体区，利用电子的雪崩与电离迅速扩展为冲击波将结石粉碎从而排出体外，具有恢复快、痛感弱等优点。

3.4.6 驱动与能源

随着时代的发展，人类社会对于新型能源的需求也逐步提高，光子传输在驱动与能源中的应用也逐步为人们所发掘。

光波导在驱动领域具有重要作用，所传输的光子可通过形成光压以及光力效应实现光能向动能的转化。早在 1873 年，麦克斯韦便由光的电磁理论推算出了光压的存在：当平行光束照射到物体表面时，物体表面将会受到压力作用，即光的力学效应。至此，对于光力、光压的研究应用便逐步成为焦点，期望利用光能驱使物体发生运动。光的电磁理论表明，当物体处于光场之中时，由于光波是一种电磁波，随着光波照射到物体之上，后者表面会产生自由电荷与电流且受电磁场作用从而产生力，表现出光对其施加了压力，这便是光辐射压力的产生原理。目前，光压已被研究并应用于航空航天领域，如制作光帆宇航器；此外，还可利用激光的光辐射压制作光镊，应用于微观微粒操控之中。

（1）光帆宇航器

宇宙对于人类而言充满了未知，为了探索宇宙的奥秘，人们开展了众多研究。然而，早期的宇航器过于庞大和沉重，将会直接影响宇航器的运行速度与时间。为了使宇航器能够摆脱庞大的体积与超载能源、降低宇航器的能耗，人们提出了光帆宇航器的概念。光帆宇航器是利用太阳光压作为推动力与控制力，通过获取光子传输过程中产生的动能来进行运动的新型宇航器。由于太阳光是取之不尽的动力源，因此理论上宇航器可以放弃传统发动机与有限的储备能源，实现在宇宙中的持续航行，是人类实现星际航行的希望。

光压的强度与光源的强度密切相关。在地球上太阳光的光压很小，且重力、气压、摩擦力等多种因素的存在使其在日常生活中很难得到应用。但是在太空中，这些力可忽略不计，因此便展现了太阳光压的优势。光帆宇航器的关键部位在于感应光压的太阳帆。为了使宇航器能够在最大程度上从阳光中获取动力，要求太阳帆具有面积大、质量轻的特点，并且需保证表面平整光滑。目前对于光帆宇航器的研究应用已取得突破性的进展，已有多国实现了光帆宇航器的成功发射。

（2）光镊

上文提及，光压的强度与光源的强度密切相关，因此在激光诞生之前，由于普通光源的亮度有限、产生的光压微弱，光压的应用范围极其有限。而在激光诞生之后的 1970 年，美国科学家阿斯金发现两束激光能够依靠相向推力实现对微粒的夹持,且微粒驱动方向与光子传输方向有关,由此开始了对光捕获微粒的研究,这才掀起了光压新应用的研究潮流——光镊技术。

光镊是一种以光辐射压为基础,利用激光与物质间动量传递产生机械效应而形成的一种三维光学势阱,通俗来讲便是一种利用光抓住物质的工具,如图3-13所示。不同于宏观意义上的传统机械镊子,光镊是使物体受到光的束缚并通过移动光束来迁移物体的技术,是一种温和的非机械接触夹持控制手段。其基本功能是对微小颗粒进行捕获与操控,通常可分为主动操控与被动操控两类:主动操控是指固定样品台而控制光镊运动,从而带动微粒运动;而被动操控是指固定光镊而控制样品台运动,从而实现微粒位置改变。

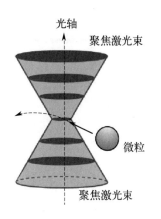

图 3-13 光镊操控粒子

目前人们致力于研究光镊的应用场景。由于光镊具有非接触特性且其操控微粒的尺寸为微纳米级,因此能够实现对活细胞、生物大分子等微小颗粒的非接触遥控、无损无菌操控与实时动态跟踪;并且由于光具有穿透特性,因此光镊可以无视透明屏障的阻碍,能够穿过封闭系统表面(如细胞膜)操控其内部的微小颗粒(如细胞器);此外,光镊还能够对极小的力进行测量,其灵敏度极好、分辨率可达飞牛(fN)级别。

光波导在新能源发电领域也具有重要作用。随着环境保护问题日益受到关注以及能源可再生理念的不断深入人心,开发利用新型清洁可再生能源便成为当今能源领域的重要目标。目前,利用光伏系统构建起的太阳能电池已得到巨大的发展并成功产业化,应用于人民生活等领域的各个角落。而在光能转化为电能的过程中,利用光波导结构实现光子传输,能够将收集的太阳光能准确地引导到对应的光伏元件上,提高光伏电池的光电转换能力,具有重要作用。

习 题

3.1 请简述光在空间中传输与在波导中传输的主要特点及其异同。

3.2 请简述光在波导中传输遵循的主要基本法则。

3.3 有一渐变折射率光纤,其折射率在轴线处最高为 $n_1=1.458$,在包层和纤芯分界面处最低为 $n_2=1.444$,纤芯和包层直径分别为 $50\mu m$ 和 $125\mu m$。求该光纤的折射率分布形式和数值孔径。

3.4 请简述光波导的损耗来源。

3.5 试分析用于制备大口径天文望远镜的材料的特点。

3.6 请简述将蓝宝石单晶光纤作为耐高温光纤的原因。

3.7 若一块光栅,光栅有效宽度 D 为 5cm,缝宽 $a=0.6\times10^{-3}$ mm,挡光宽度 $b=0.65\times10^{-3}$ mm,请问:该光栅含单缝数量是多少?

3.8 请简述龙勃透镜的工作原理。

4

无机光子探测材料

光子探测技术的发展源于人们对光子属性的深入探索以及量子力学的发展。相较于电子，光子因其庞大的信息承载量和迅速响应能力，展现出作为更优越信号载体的潜力。为了探测物体的存在并识别其特征，我们通常需要量化和分析探测目标对探测媒介产生的特定效应。光子探测的基石在于光辐射对探测材料和器件所引发的物理效应，这些效应大体上可归为两类：光电效应和光热效应。基于这两大效应，众多光响应材料和光子探测器件已被广泛研发并应用于多个领域。例如，利用光电效应的光电二极管、光电倍增管、光电导体和光电晶体管，以及利用光热效应的红外探测器和热释电探测器等。在光通信领域，光子探测技术在光纤通信系统中发挥着核心作用，负责接收和解调光信号，从而实现光纤通信和无线光通信。为了达成精确且灵敏度高的光子探测，新的概念如光子晶体、纳米光子探测器和单光子探测技术逐渐成为研究的焦点。展望未来，随着新型光功能材料与器件技术的不断进步，基于新机制、新材料和新结构的光子探测技术将持续涌现。这些技术将朝着高性能、高灵敏度、低噪声和微型化的方向演进，其应用领域也将持续扩展，为人类的科技进步做出更为显著的贡献。

本章将系统阐述基于光电效应和光热效应的光子探测技术的原理、材料及其相关应用。

4.1 光子探测的基本原理

4.1.1 光电效应

光与物质之间的相互作用可以触发一种能量转移现象，即当光照射到特定物质表面时，会引起物质电学性质的变化。这一过程，实质上是将光能转换为电能的过程，被学术界称为光电效应。光电效应可进一步细分为外光电效应和内光电效应两大类。而在内光电效应的范畴内，还包含光生伏特效应和光电导效应两种具体表现形式。

4.1.1.1 外光电效应

光电效应现象是在 1887 年由赫兹在通过实验研究麦克斯韦电磁理论时意外揭示的。

在柏林大学师从著名物理学家亥姆霍兹期间,赫兹受其鼓舞,开始深入研究麦克斯韦的电磁理论。尽管当时德国物理学界普遍信奉韦伯的电力与磁力可瞬时传递的理论,但赫兹决定通过实验来验证韦伯和麦克斯韦两者理论的准确性,而正是在这一过程中,他偶然发现了光电效应现象。

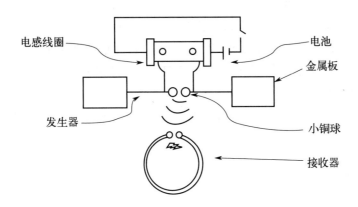

图 4-1 光电效应的原理

依据麦克斯韦理论,电扰动能辐射电磁波。如图 4-1 所示,赫兹根据电容器经由电火花隙会产生振荡原理,设计了一套电磁波发生器。两个金属铜板作为电容,通过铜棒连接到两个相隔很近的小铜球上。导线从两个小铜球上伸展出去,缠绕在一个大感应线圈的两端,然后又连接到电池上。这套装置即为电磁波发生器。而接收器则放置在离发生器不远的地方,由一根弯成开口圆环的导线构成,两端点间留有电火花隙。

根据麦克斯韦理论,电磁感应在小线圈上产生感应电压,使电火花隙产生电火花。然而,赫兹用紫外光照射接收器,发现接收器间隙的电火花变得更明亮了。为了研究这一现象,他分别用铜、黄铜、铝、铁、锡等不同金属材料作为电极片进行实验,又使用不同光源如火光、阳光、电弧光等进行实验。根据实验结果,赫兹推断:高频率的紫外光可以使电火花增强。1887 年 5 月底,赫兹撰写研究论文《论紫外线对放电的影响》,这也是历史上第一篇研究光电效应的文章。赫兹在研究麦克斯韦理论的实验中发现这样的奇特现象,也是光电效应被发现的开端。

然而赫兹并未对其进行深入研究,直到 1905 年,物理学家爱因斯坦在量子学领域对光电效应做出了合理的解释。对于外光电效应而言,若入射的光子能量足够大时,它与物质的电子相互作用,致使电子逸出物质表面,故外光电效应也被称为光电发射效应,从物质表面逸出的电子叫作光电子。关于外光电效应,有这样两个定律:

(1) 爱因斯坦定律

光电子的最大动能 E_m 与入射光的频率 ν 成正比,而与入射光的强度无关,其表达式为

$$E_m = h\nu - \varphi = h\nu - h\nu_0 \tag{4-1}$$

式中 E_m——光电子最大初动能;

  φ——逸出功;

h——普朗克常数，$h \approx 6.626 \times 10^{-34}$ J·s；

ν——入射光频率；

ν_0——材料产生光电效应的极限频率，$\nu_0 = \varphi/h$。

若温度 $T=0$K，当光子能量 $h\nu > \varphi$，即 $\nu > \nu_0$ 时，光电子最大动能随光子能量增加而线性增加；在入射光频率低于 ν_0，即 $\nu < \nu_0$ 时，不论光照强度如何、照射时间多长，都不会有光电子产生。光频率 ν_0 对应的波长为 λ_0，当入射光波长 $\lambda > \lambda_0$ 时，不论光照强度如何、照射时间多长，都不会有光电子产生，则 λ_0 称为长波阈值或红阈波长。在常温下，光谱响应在长波阈值附近有一拖尾，但基本满足爱因斯坦公式。

（2）斯托列托夫定律

当入射光的频率或频谱成分不变时，饱和光电流（即单位时间内发射的光电子数目）与入射光的强度成正比，表达式如下：

$$I = e\eta \frac{P}{h\nu} = e\eta \frac{P\lambda}{hc} \tag{4-2}$$

式中　I——饱和光电流；

　　　e——元电荷，$e \approx 1.602 \times 10^{-19}$C；

　　　η——光电激发出电子的量子效率；

　　　P——入射到样品的辐射功率。

外光电效应多发生在金属或金属氧化物中，按入射光波长可分为两类：第一类是波长较长的光（如可见光、紫外线）照射金属，使其导带中的"自由"电子逸出金属表面；第二类是波长较短的光（如X射线）照射金属，使其原子内层的束缚电子逸出金属表面。

① 波长较长的光使金属导带中的"自由"电子逸出金属表面。在金属晶体中，原来属于各原子的价电子不再束缚在原子上，而转变为在整个晶体内运动，它们的波函数遍及整个晶体。在晶体内部，一方面是由共有化电子形成的负电子云，另一方面是浸泡在负电子云中的带正电的各原子实-正离子实。负电子云和正离子实之间存在库仑相互作用。

从量子理论来看，所谓"自由"电子，是指在全空间被发现的概率密度是常量的电子。金属内的"自由"电子，是指共有化电子在金属内出现的概率密度近似是常量，但其在金属外面出现的概率为零。这种"自由"电子实际上是限制在金属内部的弱束缚电子。金属导体里，在晶体周期场中运动的共有化电子的单电子能级，分成一系列的能带，N 个电子填充这些能级中最低的 N 个。除去完全被电子充满的一系列能带外，还有只是部分被电子填充的能带，称为导带，这时最高占据能级称为费米能级。在每一个部分占据的能带中，波矢 k 空间都有一个占有电子与不占有电子区域的分界面，所有这些分界面的集合就是费米面。

频率较低但超过金属红限频率的光（如可见光、紫外线）照射金属，使其导带中的"自由"电子吸收光子的能量，跃出导带并逸出金属表面，成为光电子，从而发生外光电效应。

② 波长较短的光使金属原子内层的束缚电子逸出金属表面。在金属晶体中，各原子内层轨道上的电子仍然是束缚在原子里的束缚电子。频率较高并超过金属红限频率的光

（如 X 射线）照射金属，使其原子内层的束缚电子吸收光子的能量，脱离原子并逸出金属表面，成为光电子，从而发生外光电效应。

假设金属原子在光照射前的初态能量为 ε_0，在光照射后的末态能量为 ε，吸收光子前的束缚电子能量为 ε_{e0}，金属原子和其中的该束缚电子的相互作用势能为 ε_p，吸收光子后的光电子能量为 ε_e，光子能量为 $h\nu$，则能量守恒方程为

$$\varepsilon_0+\varepsilon_{e0}+\varepsilon_p+h\nu=\varepsilon+\varepsilon_e \tag{4-3}$$

原子内层的束缚电子在吸收光子时，把光子的一部分能量和动量传递给该束缚电子原来所属原子的原子核。这部分能量用以提供和补偿该电子和它原属的原子间的结合能。原子中不同电子的结合能是不同的，其中最小的结合能，就是波长较短的光使金属原子内层的束缚电子逸出金属表面所需要的逸出功 A，它是原子中的电子与原子间的结合能 W 的最小值 W_0。

逸出功随金属正电性的增强而减小。金属的正电性越强，越容易失去它的电子，则金属导带深度越小，金属原子中电子和原子间的最小结合能越小，从而逸出功越小，金属发生外光电效应的红限频率也就越小，例如：碱金属和钡、锶的在可见光区域，铈的在红外线区域，而其他大多数金属的在紫外线区域。

逸出功也与掺在金属中的杂质有关，光电效应的红限频率在很大的程度上与掺在金属表面的杂质有关，因为杂质使电子从金属中逸出的功改变了。杂质（例如溶在金属中的气体）的存在常常便于电子逸出金属，使发生光电效应的红限波长向波长较长的区域移动，这是因为掺入的杂质原子参与了形成金属晶体周期场的效应，它的附加能级的添入使金属晶体共有化电子的导带深度减小，杂质原子和金属原子中的电子的相互作用使该电子和它所属于的金属原子的相互作用减弱，二者之间的结合能及其最小值减小，从而逸出功减小，以致红限频率减小，红限波长增大。

光电效应的发现带动了相关技术的应用。1930 年，利用外光电效应制成的光电转换器件——光电管开始实用化，根据不同波段光信号的需要，可选用不同金属材料，如碱金属、汞、金、银等制作光电阴极。光电管因灵敏度低，无法满足高精度的实验需求，后来被半导体光电器件取代。充气光电管尽管提高了灵敏度，但在对弱光的探测中，光电流仍然太微小，于是出现了光电倍增管：在光电管原来的阴极和阳极之间安装一系列次阴极（又称倍增极），可使电流放大百倍以上而到达阳极，正因如此，光电倍增管具有比普通光电管高得多的灵敏度。

增加光电倍增管的次阴极数目可以提高灵敏度，这推动人们将"分立"次阴极改成连续次阴极，从而发展出通道式光电倍增管和微通道板式光电倍增管。通道式光电倍增管是一根细玻璃管，其长度比直径大很多倍，内表面有半导体二次发射涂层。当在通道两端施加电压时，沿轴向产生一个均匀电场。在适当的工作条件下会产生更多的电子，从而产生增益。二次发射电子依次受到同样的加速，并且此过程沿倍增管多次重复，直至倍增信号在正端或输出端出现。增益高的通道式光电倍增管通常是弯管状或螺旋状，以防止电子与残余气体分子碰撞而可能产生的任何离子，在电子打在管壁上之前吸收更大的能量。这样就能抑制由于离子反馈而产生的二次电子。微通道板式光电倍增管（microchannel plate photomultiplier tube，MCP-PMT）是一种具有高增益、高分辨率、快响应、低功耗的新

型光电器件。微通道板式光电倍增管的电子倍增采用的是多单通道列阵排列、厚度仅有 0.4mm 左右的微通道板,因此具有体积小、重量轻、引线少、耐冲击与振动等特点。

光电倍增管的很多应用已逐渐被许多半导体器件取代,但是在大尺寸单光子探测器领域,光电倍增管依旧无法被替代。利用外光电效应还可制成像增强器。成像增强器是能够把亮度很低的光学图像变为具有足够亮度的图像的真空光电管。它是微光探测器的一种,其工作原理是将投射在光电阴极上的光学图像转变成电子像,电子透镜将电子像聚焦并加速投射到荧光屏上产生增强的像,然后用照相方法记录下来。

4.1.1.2 内光电效应

除了外光电效应,光电效应还包括内光电效应。内光电效应是光电效应的一种,它主要是指由光量子作用引发物质电化学性质的变化(如电阻率的改变),这是它与外光电效应的主要区别。进一步地,内光电效应又可分为光电导效应和光生伏特效应。

光电导效应是一个由入射光子触发的过程:当光子入射到半导体表面时,半导体通过吸收这些光子而产生电子空穴对,使其自生电导增大。简而言之,这是一个通过光吸收来增强半导体导电能力的过程。半导体光电探测器就是基于这一内光电效应原理而设计制成的光电器件。半导体材料对光的吸收存在本征型和非本征型两种方式,光电导效应也相应地分为本征型和非本征型。当光子能量大于禁带宽度时,把价带中的电子激发到导带,在价带中留下自由空穴,从而引起材料电导率的增加,这是本征光电导效应。若光子能量激发杂质半导体的施主或受主,使它们电离,产生自由电子或空穴,从而增加材料电导率,这种现象就是非本征光电导效应。材料受光照引起电导率的变化,在外电场作用下能得到电流的变化,通过测量回路的电流,能检测到电导率的变化。关于光电导效应有如下公式。

(1)欧姆定律

以金属导体为例,金属导体的电阻为 R,在导体两端加以电压 U,导体内就形成电流 I:

$$I=\frac{U}{R} \tag{4-4}$$

设电阻率为 ρ,电阻 R 与导体长度 l 成正比,与截面积 S 成反比,则

$$R=\rho\frac{l}{S} \tag{4-5}$$

电导率 σ 为

$$\sigma=\frac{1}{\rho} \tag{4-6}$$

电流密度 J 就是通过垂直于电流方向的单位面积的电流,即

$$J=\frac{I}{S} \tag{4-7}$$

电场强度 E 为

$$E=\frac{U}{l} \tag{4-8}$$

则
$$J = \frac{U}{\rho \frac{l}{S} S} = \sigma E \quad (4\text{-}9)$$

上述公式仍表示欧姆定律，它把通过导体中某一点的电流密度和该处的电导率及电场强度联系起来，称为欧姆定律的微分形式。

(2) 漂移速度和电子迁移率

电子在电场作用下沿着电场的反方向做定向运动称为漂移运动，定向运动的速度称为漂移速度。

设导体中电子浓度为 n，电子的漂移速度为 V_d，导体截面面积为 S，则单位时间内通过截面的电子数为 nV_dS，通过的电流 I 和电流密度 J 分别为

$$I = neV_dS$$
$$J = neV_d \quad (4\text{-}10)$$

当导体内部电场恒定时，电子应具有一个恒定不变的平均漂移速度。电场强度增大时，平均漂移速度也增大；反之亦然。所以，平均漂移速度的大小与电场强度成正比，即

$$V_d = \mu e \quad (4\text{-}11)$$

式中 μ——电子迁移率，表示单位电场强度下电子的平均漂移速度，$m^2/(V \cdot s)$。

常用 μ_n、μ_p 分别表示电子、空穴的迁移率。

μ 值与材料特性有关，如：在 300K 时，Si 的 μ 值为 $\mu_n = 1350 cm^2/(V \cdot s)$，$\mu_p = 500 cm^2/(V \cdot s)$；而在 300K 时，GaAs 的 $\mu_n = 8000 cm^2/(V \cdot s)$，$\mu_p = 400 cm^2/(V \cdot s)$。$\mu$ 值也与温度、掺杂浓度等有关。μ 值大的材料适用于快速响应的高频器件。电导率与电子迁移率的关系表达式为

$$J = ne\mu E = \sigma E$$
$$\sigma = ne\mu \quad (4\text{-}12)$$

(3) 半导体的电导率

半导体的导电作用是电子导电和空穴导电的总和。导电的电子是在导带中脱离了共价键可以在半导体中自由运动的电子；而导电的空穴是在价带中，空穴电流实际上是共价键上的电子在价键间运动时所产生的电流。显然，在相同电场作用下，两者的平均漂移速度不会相同，而且导带中的电子平均漂移速度要大些。J_n、J_p 分别表示电子和空穴电流密度，n、p 分别表示电子、空穴的浓度，则

$$J = J_n + J_p = (ne\mu_n + pe\mu_p)E$$
$$\sigma = ne\mu_n + pe\mu_p \quad (4\text{-}13)$$

(4) 光电导效应与光电导增益

半导体在没有光照时，电子、空穴的浓度分别记为 n_0、p_0，称为平衡载流子浓度。此时电导率为 σ_0，为无光照的暗电导，其表达式为

$$\sigma_0 = n_0 e\mu_n + p_0 e\mu_p \quad (4\text{-}14)$$

光照到半导体，当光子的能量大于禁带宽度时，价带中的电子吸收光子，被激发到导带上去。导带中的电子浓度增加 Δn，价带中空穴浓度增加 Δp，$\Delta n = \Delta p$，增加的电子和

空穴称为非平衡载流子。在光注入时,半导体电导率为

$$\sigma = e(n_0 + \Delta n)\mu_n + e(p_0 + \Delta p)\mu_p \tag{4-15}$$

电导率增量为

$$\Delta\sigma = \sigma - \sigma_0 = e(\Delta n \mu_n + \Delta p \mu_p) \tag{4-16}$$

这种由于光照注入非平衡载流子引起的附加电导率的现象称为光电导效应,附加的电导率称为光电导率,能够产生光电导效应的材料称为光电导材料。

光电导增益是衡量光电器件性能的重要参数,描述了光作用下外电路电流的增强能力。光电导增益被定义为样品中每产生一个光生载流子所构成的流过外电路的载流子数,即流过外电路横截面的载流子数与同一时间内由于光照而产生的载流子数之比 G。光电导增益与所加电压、样品的结构有关,即

$$G = \frac{I_s/e}{glS} = (\tau_n\mu_n + \tau_p\mu_p)\frac{U}{l^2} = (\tau_n\mu_n + \tau_p\mu_p)\frac{E}{l} \tag{4-17}$$

式中　I_s——信号电流;

　　　g——光电子产生率;

　　　τ_n——电子寿命;

　　　τ_p——空穴寿命。

由此可见,光电导的增益与样品上所加电压成正比,与样品长度的平方成反比,减小样品长度可提高增益。载流子通过两个电极距离 l 所需时间 τ_r 称为渡越时间,电子渡越时间为 τ_{rn},空穴渡越时间为 τ_{rp},则有

$$\begin{cases} \tau_{rn} = \dfrac{l}{\mu_n E} \\ \tau_{rp} = \dfrac{l}{\mu_p E} \end{cases} \tag{4-18}$$

综上可得

$$G = \frac{\tau_n}{\tau_{rn}} + \frac{\tau_p}{\tau_{rp}} \tag{4-19}$$

可见光电导增益等于载流子寿命与渡越时间之比值。显然,寿命增加有利于提高增益,但会增加惰性,二者应折中考虑。光生电子流与所加电压成正比,电子载流子寿命增加有利于输出电流的增加。

样品在光照下产生的光电子在外电场下向阳极漂移,如果电子的寿命 τ_n 大于电子的渡越时间 τ_{rn},则在电子从阳极出走之后,为了保持样品的电中性,必然要从电源的负极吸收一个电子加以补充。

(5) 光电导灵敏度

光电导灵敏度 R_σ 通常定义为单位入射的光辐射功率所产生的光电导率。

设 $b = \dfrac{\mu_n}{\mu_p}$,由于在光照稳定状态下(即定态光电导)光生载流子浓度变化有 $\Delta n = \Delta p$,因此 $\Delta\sigma = e\mu_p(b+1)\Delta n$。设入射的光功率为 $P = E_X \omega l$,样品上的光辐照度为 E_X,则

$$R_\sigma = \frac{e\mu_n \Delta n + e\mu_p \Delta p}{E_X \omega l} = \frac{e\mu_p (1+b)\eta N_0 \tau}{E_X \omega l d} \tag{4-20}$$

式中 N_0——载流子的初始浓度;

τ——载流子的寿命。

(6) 光电导惰性和响应时间

上面分析了定态光电导的工作情况,对于非定态情况,例如在光照开始及撤去的瞬间,有 $\frac{\mathrm{d}\Delta n}{\mathrm{d}t} \neq 0$,$\Delta n$ 将是时间的函数,必须解方程才能求得。由于对不同的光照水平和不同的光电导类型,方程的形式不同,故分不同情况进行处理。

① 弱光情况。弱光情况是指光生载流子浓度远小于平衡载流子浓度(小注入),即 $\Delta n \ll 0$,$\Delta p \ll p_0$,光电导与光强度成正比,即所谓直线型光电导,如 Si、Ge 等材料在较低光强下具有这个性质。在这种情况下,载流子寿命 τ 为定值,按单分子过程进行复合。以电子为例,Δn 满足以下方程,即

$$\frac{\mathrm{d}\Delta n}{\mathrm{d}t} = g - \frac{\Delta n}{\tau_n} \tag{4-21}$$

即在载流子产生的同时,还伴随着载流子的复合消失。

② 强光情况。所谓强光,与弱光对应,即指 $\Delta n \gg 0$,$\Delta p \gg p_0$,光电导类型为抛物线型,光电导与光强的平方根成正比。许多材料在强光下属于抛物线型光电导。在这种情况下,载流子寿命是一个变数,复合按双分子过程进行,此时方程为

$$\frac{\mathrm{d}\Delta n}{\mathrm{d}t} = g - r(\Delta n)^2 \tag{4-22}$$

式中 r——空穴、电子复合率。

在强光注入情况下,光电导弛豫过程比较复杂,这时寿命 τ 不再是定值,而是光照强度和时间的函数。

增加载流子寿命能够提高光电导材料的灵敏度,进一步增强了光电导的增益,使光照产生的光电流输出增加。由此可见,灵敏度越高,增益越大,能探测到的最小光信号越小,响应率越大,从这个方面讲,要提高载流子的寿命;从另一个方面讲,载流子寿命的增加会增大光电导的惰性,惰性决定着可能探测到的光信号调制速度,决定了器件的频率响应特性。增益与惰性是光电导的两个重要的性能指标,二者往往不可兼得,必须折中考虑。

(7) 光电导的光谱响应特性

光谱响应特性是光电导的一个重要指标,它决定了光电导器件的应用范围和灵敏度。光电导的光谱响应范围是由它的激发类型所决定的,例如对本征激发,要求入射光子能量 $h\nu$ 大于禁带宽度,即 $h\nu \geq E_g$;而对于杂质光电导,则要求入射光子能量大于杂质电离能 E_i。

对于本征激发光电导的光电流随波长的变化关系推导,需要考虑到载流子浓度梯度的扩散与表面复合率。N 型半导体在入射光下产生本征激发,设样品结构如图 4-2 所示。光

线沿 x 方向垂直入射在样品上，样品厚度为 d，长度为 l，宽为 w，表面反射比为 r，线性吸收系数为 α，α 和 r 均为波长的函数。设单位时间内入射到单位面积上的光子数为 N_0，则体内光生电子-空穴对的产生率为

$$g(x) = \alpha \eta N_0 (1-r) \exp(-\alpha x) \tag{4-23}$$

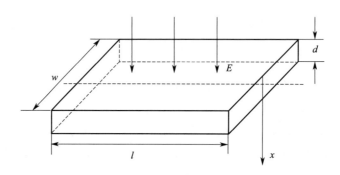

图 4-2　光电导探测器的几何模型

本征激发的结果是产生电子-空穴对，而杂质激发可能产生电子或空穴。影响光谱响应的主要因素有两个：光电导材料对各波长辐射的吸收系数和表面复合率。光谱响应有一个峰值，无论向长波还是短波方向，响应都会降低。在较长波长上，光子能量不足，吸收系数 α 很小，产生的电子浓度较小，一部分辐射会穿过材料，因此灵敏度低。随着波长减小，吸收系数增大，入射光功率几乎全被材料吸收，量子效率增加，因此光电导率达到峰值。一般峰值靠近长波限，实际定义长波限为峰值一半处所对应的波长。

当波长进一步减小时，吸收系数进一步增加，光子能量增大，激发的光生载流子大部分靠近材料表面，表面处的载流子复合率增加，光生载流子寿命缩短，量子效率也随之下降，灵敏度减小。

利用光电导效应制成的最典型的光电导器件是光敏电阻。光敏电阻种类繁多，其光敏感性能（如感光波段、敏感程度等）主要取决于所使用的光电导材料。目前广泛使用的光敏电阻主要品种有硫化镉（CdS）、硒化镉（CdSe）、硅（Si）、锗（Ge）、锑化铟（InSb）等。

光敏电阻器均制作在陶瓷基体上，为保证有较大的受光表面，光敏面被做成蛇形。上面有带有光窗的金属管帽或直接进行塑封，目的是尽可能减少外界（主要是湿气等有害气体）对光敏面及电极所造成的不良影响，使光敏电阻器的性能长期稳定，工作长期可靠。光敏电阻和其他半导体光电器件（如光生伏特探测器）相比，有以下特点：

① 光谱响应范围宽，可根据材料不同来调节灵敏区域（从可见光到红外、远红外区）；

② 工作电流大，可达数毫安；

③ 所测的光强范围宽，既可测弱光，也可测强光；

④ 灵敏度高，通过对材料、工艺和电极结构的适当选择和设计，光电增益可大于 1；

⑤ 无极性之分，使用方便。

其缺点就是在强光照下光电线性较差,光电弛豫时间长,频率特性较差,因此它的应用领域受到了一定限制。表征光敏电阻器特征的参数主要有光照灵敏度、伏安特性、光谱响应、温度特性、γ 值等。光敏电阻的主要用途是用于照相机、光度计、光电自动控制、辐射测量等。

4.1.1.3 光生伏特效应

内光电效应的另外一种类型,是光生伏特效应。光生伏特效应是两种半导体材料或金属/半导体相接触时形成势垒,当外界光照射时,激发光生载流子,注入到势垒附近,形成光生电压的现象。光生伏特效应多发生在半导体中,也被称为半导体材料的"结"效应。利用光生伏特效应制成的光电探测器叫作势垒型光电探测器。势垒型光电探测器是由对光照敏感的"结"构成的,故也称结型光电探测器。

要了解光生伏特效应的具体过程,需要先了解半导体的能带结构和费米能级理论。

(1) 能带结构理论

简单来说,对于晶体,每个电子不仅受自身原子核作用,还受相邻原子核作用,它并不单纯地"属于"某个原子,而是为各原子所共有,即"电子共有化"。晶体中电子共有化的结果,使原来每个原子中所具有的能量相同的电子能级,因各原子的相互影响而分裂成为一系列差别很小的新能级,这就是能带。由于能带内不同能级的能量差别非常小,很多时候在能带内认为能量是连续的。对于半导体而言,其能带图如图4-3(b)所示,价带中是被填满的,中间为禁带,上面的导带几乎为空带。在 $T=0K$,也就是绝对零度时,其在外电场作用下不导电;$T>0K$ 时,在外电场作用下,价带上的电子激发,脱离共价键,形成准自由电子,即导带上的电子与价带上的空穴均参与导电,其禁带宽度较小,有一定的导电能力。绝缘体的禁带宽度很大,可激发至导带的电子很少,导电性很差。金属中,价电子占据的能带是部分占满的,因此,具有良好的导电性。

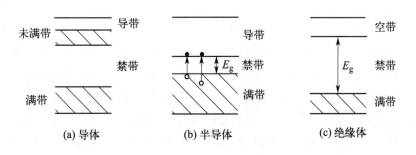

图 4-3 晶体能带结构

(2) 费米能级的物理意义

通俗来讲,费米子满足泡利不相容原理,其在单粒子能级上的分布概率遵守费米统计分布,其分布函数 $f(E)$ 是指电子占据能带中某个能级的概率。费米能级 E_F 可看成量子态是否被电子占据的一个界限。当 $T>0K$ 时,若 $E<E_F$,则 $f(E)>\frac{1}{2}$;若 $E=E_F$,则

$f(E)=\frac{1}{2}$；若 $E>E_F$，则 $f(E)<\frac{1}{2}$。费米能级的位置直观地标示了电子占据量子态的情况，即电子填充能级的水平，当温度为绝对零度时，费米能级等于化学势。因此，处在热平衡状态下的电子系统有统一的化学势，即统一的费米能级。对于半导体而言，费米能级处于禁带中间，即禁带中央的能级被电子占据的概率为50%，且其位置不随温度变化，当温度升高时，导带中增加的电子数等于价带中减少的电子数。

（3）光生伏特效应的具体过程

光照射到半导体时，如果入射光子的能量 E 小于半导体的禁带宽度 E_g，光会透射过此物质，半导体表现为透明状；反之，光子将被半导体吸收，光子流和半导体内的电子相互作用，从而改变电子的能量状态，引起各种电学效应，统称为光电效应。光生伏特现象就是其中之一，它属于内光电效应。

我们知道，P型半导体和N型半导体接触时会产生PN结，又称为空间电荷区、势垒区等，这些空间电荷在结区形成了一个从N区指向P区的电场，称为内建电场。PN结开路时（零偏状态），在热平衡下，由于浓度梯度而产生的扩散电流与由于内电场作用而产生的漂移电流相互抵消，总电流为零，也就是说没有净电流流过PN结。这时如果有光辐射到半导体上，且 $E>E_g$，光子将被吸收，光子流强度随着深入半导体材料的距离增大而呈指数式衰减。定义单位距离内所吸收的相对光子数为吸收系数 α，它是入射光能和禁带宽度的函数。随着入射光能增加，吸收系数迅速增大，以至于在半导体表面很薄的一层内光能就被完全吸收。以硅为例，如果入射光波长 $\lambda=1.0\mu m$，则对应的吸收系数 $\alpha\approx10^2 cm^{-1}$，可以算出入射光子流被吸收90%处的距离是0.23mm，表明光的吸收实际上集中在半导体很薄的表层内。

光辐射到半导体时，入射光子流与价电子相互作用，把电子激发到导带，在价带里产生空穴，形成电子-空穴对，称为非平衡载流子或过剩少子，其产生率与光强有关。由于入射光强随着深入半导体材料的距离增加而呈指数式衰减，电子-空穴对的产生率也迅速下降。这样，半导体材料的表面和体内就形成了浓度梯度，自然会引起扩散。光照前多子的热平衡浓度本来就很高，光生载流子对多子的浓度影响很小，而少子的热平衡浓度本来就很低，光生载流子对其浓度的影响就很大，表面附近的少子浓度会急剧增加。在P区，光生电子向体内扩散，如果P区厚度小于电子扩散长度，那么大部分光生电子将能穿过P区到达PN结（少部分被复合）。一旦进入PN结，将在内建电场作用下被迅速扫到N区；同样，在N区，光生空穴向体内扩散到PN结，也因电场力作用被迅速扫到P区。这样，光生电子-空穴对就被内建电场分开，空穴集中在P区，电子集中在N区，半导体两端就会产生P区正、N区负的开路电压，如果将P区和N区短接，就会有反向电流流过PN结。这种光照零偏PN结产生开路电压的现象就称为光伏效应。

势垒型光电探测器与光电导型探测器相比较，主要区别在于：

① 产生光电变换的部位不同；

② 光电导型探测器没有极性，工作时必须有外加电压，而势垒型光电探测器有确定的正负极，不需要外加电压也可把光信号变为电信号；

③ 光电导型探测器为均质型探测器，均质型探测器的载流子弛豫时间比较长、响应

速度慢、频率响应特性差。而势垒型光电探测器响应速度快、频率响应特性好。另外，雪崩式光电二极管和光电三极管还有很大的内增益作用，不仅灵敏度高，还可以通过较大的电流。

4.1.2 光热效应

光热探测技术在光子探测技术中也有重要地位，其基于光热效应实现探测，后文将介绍几种不同的光热效应原理。光热探测的优势是宽谱响应和可在室温下工作。传统的光热探测器受限于声子主导的热输运过程，响应时间相对较长，通常在毫秒量级，其中，热释电响应比其他光热效应的响应速度快得多，下面对此进行详细介绍。

4.1.2.1 温差电效应

温差电效应，也称为热电效应，是不同种类的固体（金属或半导体）接触时发生的热电现象。当两种不同的材料并联熔接形成闭合回路，且两个接头存在温度差时，回路中会产生一种电动势，称为温差电动势。温差电动势的方向取决于温度梯度的方向。在光子探测应用中，将热电偶的冷端与电表连接，以保持较低的温度；当光照射到热电偶的熔接端时，该端的材料吸收光能并导致温度升高。这种温度变化在热电偶两端产生温差，进而产生温差电动势。由于热电偶和电表构成闭合回路，电表会显示相应的电流读数。因为电流的数值与入射光的能量成正比，所以通过测量电流可以间接探测和量化光照能量，这便是利用温差电效应进行光子探测的原理。

到目前为止，发现的温差电效应概括起来有三种：塞贝克效应、帕尔贴效应和汤姆森效应。早在1821年，德国科学家塞贝克首先发现了温差电的第一个效应，因此也被人们称为塞贝克效应。该效应描述了当由两种不同材料构成的闭合回路两端存在温差时，回路中会产生电流的现象，成为温差电效应探测技术的基础。

图 4-4 为塞贝克效应示意图。塞贝克效应是材料热端的载流子向冷端流动扩散的结果，以图 4-5 所示的装置为例，在 P 型半导体中，热端具有较高的空穴浓度，致使热端的空穴向冷端移动，此时 P 型半导体的热端会留下负电荷，而冷端会累积正电荷；N 型半导体的情况则与之相反。这样的电荷分布形成电场，当载流子的漂移与扩散作用达到相互平衡时，就会建立起稳定的电势差。

若导体 A 和导体 B 两接点处于不同的稳定温度 T 和 $T+\Delta T$，实验发现，回路中两接点处产生电势差 ΔV 与温差 ΔT 的关系为

$$\varepsilon_{AB} = \lim_{\Delta T \to 0} \frac{\Delta U}{\Delta T} = dU/dT \tag{4-24}$$

$$\varepsilon_{AB} = |\varepsilon_A - \varepsilon_B|$$

式中　ε_{AB}——两种不同材料的相对塞贝克系数，$\mu V/K$。

塞贝克系数与材料本身及温度有关，一般情况下，材料的塞贝克系数值均很小。由上述公式可知，可以通过设计器件的温差和调控材料的塞贝克系数来提高最终的开路电压响应，抑或结合器件冷热端的电动势差与器件电阻得到短路电流响应。具体的器件设计可以分为温度分布非对称型和塞贝克系数分布非对称型。其中，温度分布非对称型具体可以通

过非均匀光照实现,塞贝克系数分布非对称型可以通过改变材料组合、材料尺寸等手段实现。

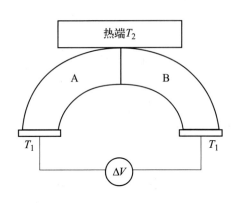

图 4-4 塞贝克效应

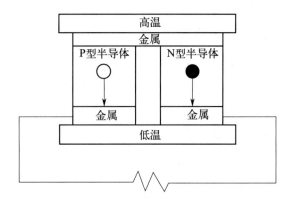

图 4-5 塞贝克效应的微观物理本质

1834 年,法国科学家帕尔贴发现塞贝克效应的逆效应,被称为帕尔贴效应。如图 4-6 所示,帕尔贴效应是:两种不同的金属构成闭合回路,当电流通过两材料的连接处时,两接头会出现一个温度梯度。在一端接头处除了焦耳热外还会释放出其他热量,而在另一端接头处则会吸收热量,接头吸收或放出的热量称为帕尔贴热量。当改变电流方向后,放热的一端和吸热的一端也会随之改变。实验发现,帕尔贴热量 Q 与两种导体材料 A、B 的性质和接头处的温度有关。若电流由导体 A 流向导体 B,则单位时间内接头的单位面积上吸收的热量 $dQ/(Sdt)$:

$$dQ/(Sdt) = J\pi_{AB} \tag{4-25}$$

式中　π_{AB}——帕尔贴系数,V;
　　　J——电流密度。

π_{AB} 为正值时,表示吸热,反之为放热。如两边乘以接头面积 S,则单位时间接头处吸收的热量 dQ/dt 为

$$dQ/dt = I\pi_{AB} \tag{4-26}$$

式中　I——电流。

帕尔贴效应是可逆的。如电流由导体 B 流向导体 A,则在接头处放出相同的热量,由帕尔贴系数的定义有

$$dQ'/dt' = -I\pi_{BA} \tag{4-27}$$

$$\pi_{BA} = -\pi_{AB}$$

帕尔贴系数是温度的函数,所以在温度不同的接头处,吸收或放出的热量不同。

帕尔贴效应是热电转换的另一种表现形式,它可以通过调整材料和电流的强度来控制热量转移的数量。现在普遍应用的半导体制冷片就是根据这种通电变冷的效果做成的,通过把很多由 P 型和 N 型半导体制成的 PN 结按照不同的工艺排列组合到一块,夹在两片

高纯氧化铝陶瓷中形成"三明治"形状。热电制冷器与传统的压缩制冷器相比，具有不污染环境、尺寸小、重量轻、制冷迅速、工作可靠、控制精度高、维护方便，并且根据电流流动的方向具有制冷、加热的双重功效等优点。通过与热电偶并联、串联的方式组合成的制冷系统，可以满足大到上万瓦，小到几毫瓦的不同制冷功率范围的制冷需求。

1856 年，英国物理学家汤姆森首次发现：当存在温度梯度的均匀导体中通有电流时，导体中除了产生不可逆的焦耳热以外，还有可逆的热效应，如图 4-7 所示。这个效应被称为汤姆森效应，产生的热称为汤姆森热。

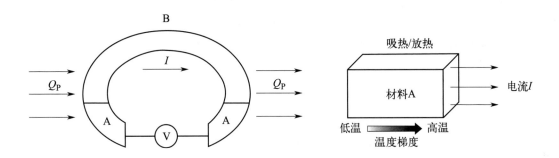

图 4-6　帕尔贴效应　　　　　　　　　图 4-7　汤姆森效应

Q_P—产生的总热量变化；
I—流经两种不同材料接触点（热电偶）的电流

在单位时间内吸收或放出的汤姆森热量 dQ/dt 与电流 I 及温度梯度 dT/dx 成正比：

$$dQ/dt = \tau_A I (dT/dx) \tag{4-28}$$

式中　τ_A——导体 A 的汤姆森系数，V/K。

汤姆森系数的数值与材料的性质和温度有关。该效应是可逆的：对于 $\tau_A > 0$ 的材料，当电流由低温端流向高温端时，$dT > 0$，$dQ > 0$，表现为吸热；反之，当电流由高温端流向低温端时，表现为放热。

塞贝克系数、帕尔贴系数和汤姆森系数这三个热电系数的关系并不是孤立的，而是彼此间相互联系的：

$$\varepsilon_{AB} = \pi_{AB}/T \tag{4-29}$$

$$d\varepsilon_{AB}/dt = (\tau_A - \tau_B)/T$$

从式(4-29)可以推导出单一材料的塞贝克系数 ε 和汤姆森系数 τ 之间的关系：

$$\varepsilon = \int_0^T \frac{\tau}{T} dT \tag{4-30}$$

由此可见，热电效应是电传导和热传导之间的一种可逆、交叉耦合效应。尤其需要注意的是电流引起的焦耳热效应是不可逆的，不属于热电效应范畴。

4.1.2.2　热辐射现象

热辐射是物体由于具有温度而辐射电磁波的现象，是除热传导和热对流外的第三种热量传递方式。其具有以下几个特点：

① 任何物体，只要温度高于绝对温度 0K，就会不停地向周围空间发出热辐射。温度越高，辐射出的总能量就越大。同时，物体也在不断吸收周围物体投射到它表面上的热辐射，并把接收到的辐射转变为热能。

② 热辐射的能量传递不需要任何介质，是在真空中唯一的传热方式且在真空中传递效率最高。

③ 热辐射具有强烈的方向性，即从高温物体到低温物体。当物体与环境处于热平衡时，其表面上的热辐射仍在不停地进行，但其净辐射传热量为零。

当热辐射的能量投射到物体表面上时，和可见光一样，也发生吸收、反射和穿透现象。被物体吸收的能量为 Q_α，反射的能量为 Q_ρ，穿透物体的能量为 Q_τ，投射到物体表面的总能量为 Q，根据能量守恒定律：

$$Q_\alpha + Q_\rho + Q_\tau = Q \tag{4-31}$$

$$\frac{Q_\alpha}{Q} + \frac{Q_\rho}{Q} + \frac{Q_\tau}{Q} = 1 \tag{4-32}$$

式中，三部分能量的份额分别称为该物体对投入辐射的吸收率、反射率和穿透率，记为 α、ρ、τ。对固体和液体来说，当辐射投射至表面时，在一个很短的距离内辐射就被吸收完成，因此可以认为固体和液体不允许热辐射穿透，即 $\tau=0$，$\alpha+\rho=1$；而当辐射投射到气体上时，气体对辐射几乎没有反射能力，可以认为 $\rho=0$，$\alpha+\tau=1$。

自然界中，不同的物体对热辐射的响应表现出丰富的多样性，其吸收率、反射率、穿透率受到具体条件的影响而存在显著的差异。这种复杂性为热辐射现象的研究带来了挑战。为了方便起见，科学家们引入了理想化的物理模型，以入手进行研究。将完全吸收入射的全部热辐射能量而无反射和透过，即吸收率 $\alpha=1$ 的物体叫作绝对黑体；同理，把反射率 $\rho=1$ 的物体叫作镜体，把穿透率 $\tau=1$ 的物体叫透明体。虽然自然界不存在黑体等理论物体，但是可以通过人工方法制造出类似黑体的模型：选择吸收率较高的材料制造一个空腔，在壁面上开一个

图 4-8　黑体模型

小孔，并确保空腔壁面保持均匀的温度，如图 4-8 所示，这种带有小孔的温度均匀的空腔就是黑体模型。

热辐射的光谱是连续谱，波长覆盖范围在理论上可从 0 直至 $+\infty$。在自然界中，红外辐射是电磁波谱中最为普遍的一种辐射形式。而黑体辐射的基本规律是红外科技领域里许多理论和技术研究应用的基础，其揭示了黑体发射的红外热辐射与温度以及波长的基本关系。具体来说，黑体辐射主要遵循以下几个相关规律。

(1) 普朗克光谱辐射定律

假设一个黑体，其温度为 T（单位：K），则该黑体单位表面积在辐射波长 λ 条件下，在单位波长间隔内向整个半球空间内发射的辐射功率（光谱辐射度）$M_0(\lambda, T)$ 与波长 λ、

温度 T 满足以下关系：

$$M_0(\lambda,T)=\frac{2\pi hc^2}{\lambda^5}\times\frac{1}{\exp\left(\frac{hc}{\lambda kT}\right)-1}=C_1\lambda^{-5}[\exp(C_2/\lambda T)-1]^{-1} \qquad (4\text{-}33)$$

式中　c——真空中的光速，$c\approx 2.998\times 10^8\,\text{m/s}$；
　　　h——普朗克常数，$h\approx 6.6261\times 10^{-34}\,\text{J}\cdot\text{s}$；
　　　k——玻尔兹曼常数，$k\approx 1.38065\times 10^{-28}\,\text{W}\cdot\text{s/K}$；
　　　C_1——第一辐射常数，$C_1=2\pi hc^2\approx 3.741775\times 10^{-16}\,\text{W}\cdot\text{m}^2$；
　　　C_2——第二辐射常数，$C_2=hc/k=1.438769\times 10^4\,\mu\text{m}\cdot\text{K}$。

式(4-33)所描述的就是普朗克光谱辐射定律，它描述了黑体的红外波段的光谱分布规律。随着黑体温度的升高，光谱辐射度 $M_0(\lambda,T)$ 极大值所出现的位置也将发生变化，与温度的变化趋势相反，这表明了黑体辐射中的短波长辐射随着温度升高，其所占比例增加。

(2) 维恩位移定律

维恩位移定律描述了辐射光谱的移动规律。黑体辐射光谱的峰值波长与其温度有一定的数学关系：

$$\lambda_m T=2.897\times 10^{-3}\,\text{m}\cdot\text{K} \qquad (4\text{-}34)$$

该式表明了黑体辐射光谱的峰值波长 λ_m 和绝对温度 T 成反比关系，利用维恩位移定律，便可以根据红外探测系统的工作波段来确定被测目标的温度。

(3) 斯蒂芬-玻尔兹曼定律

斯蒂芬-玻尔兹曼定律描述了黑体所发射的全部波段的总辐射的功率 $\text{Mb}(T)$ 和黑体温度 T 之间的关系。我们同样可以得到它们之间的具体数学关系，只要把普朗克定律相关公式对波长进行积分就可以得到，如下式所示：

$$\text{Mb}(T)=\sigma T^4 \qquad (4\text{-}35)$$

式中　σ——斯蒂芬-玻尔兹曼常数，$\sigma=5.67\times 10^{-8}\,\text{W}/(\text{m}^2\cdot\text{K}^4)$。

根据式(4-35)，一切温度高于绝对零度的黑体，都会不断地产生红外辐射，且所有波段辐射的总功率与黑体温度具有以下关系，即 $\text{Mb}(T)\propto T^4$。所以，当物体的温度有较小变化时，该物体所发射的辐射功率产生很大变化。

(4) 朗伯（Lambert）余弦定律

一般情况下，面辐射源的发射功率会受到其红外辐射的方向影响，这意味着其发射可能会在不同方向上呈现非均匀分布的特性。但是对于某些特殊的面辐射源，尤其是理想化的黑体，其红外辐射强度表现出与辐射方向无关的各向同性特征，即辐射强度为一个常数。朗伯余弦定律描述的空间分布规律就是这种情况，该定律可以表示为

$$\frac{\text{d}\phi}{\text{d}\omega}=l\,\text{d}A\cos\theta \qquad (4\text{-}36)$$

式中　θ——观察方向和面元法向的夹角；

l——比例系数，跟 θ 无关；

$A\cos\theta$——辐射照射的有效面积；

$\mathrm{d}\phi$——面元辐射通量的微增量；

$\mathrm{d}\omega$——对应立体角的微增量。

遵守朗伯余弦定律的辐射源被称为漫辐射源或者朗伯体。黑体就是一种典型的理想漫辐射源。绝大多数的绝缘体，相对于其表面法线方向的观察角在 60°以内均可近似当成朗伯体。其辐射亮度 L 和辐射出射度 M 之间有如下关系：

$$L=\frac{M}{\pi} \tag{4-37}$$

若要计算实际物体的辐射出射度，则在使用式(4-37)时，使黑体辐射出射度 M 乘以目标的发射率 ε 即可。此处辐射探测模型是以温度探测为基础的，利用双波段的方法，在得到目标的温度后，如果目标的辐射率 ε 已知，再结合大气辐射的衰减情况，就可得到目标的辐射强度等信息。

红外光探测技术是 20 世纪发展起来的一项新的应用技术，相关研究者主要对红外辐射的产生、传输、探测等技术展开研究。早在两次世界大战之间，已经出现了一些简单红外光探测技术的相关应用，如将红外图像转化为可见光图像的像管以及使用红外光的望远镜等。到了二战以后，红外光探测技术开始快速发展，并在军事方面开始得到实质性的应用，例如，美国率先在自己研制的导弹等武器系统上加上红外设备以起到辅助导航、探测线路等作用，并在其战斗机上加装能够感光红外线的相机以探测热源目标。随着相关技术快速发展，到了 21 世纪，其应用已经从军事方面发展到民用领域，并在民用领域得到越来越广泛的应用，如在科研、医学、工业、遥感以及天文等各个领域都已可以见到红外光探测技术的渗透。

4.1.2.3 热释电效应

热释电效应是指晶体受热后温度发生变化而导致自发极化发生改变，在晶体的某一方向上产生表面电荷的现象，宏观上表现为温度改变时在材料的两端出现电压或产生电流。约在公元前 300 年，人们就发现了热释电效应，不过热释电的现代名称是 1824 年由布鲁斯特引入的。关于热释电效应的最早记录是电气石吸引轻小物体，早期主要是对现象的描述；从 19 世纪末开始，随着近代物理学的发展，关于热释电效应的定量研究日益发展。20 世纪 60 年代以来，激光和红外技术的发展极大地促进了对热释电效应及其应用的研究，丰富和发展了热释电理论，人们发现和改变了一些重要的热释电材料，热释电材料和热释电效应在热成像、激光探测器、红外传感器、火灾或入侵警报等方面的应用上发挥着不可或缺的作用。

可以表现出热释电效应的材料在晶体内部没有对称中心结构，具备自发极化现象，即固有电偶极矩，这类材料在描述晶体的 32 种晶体学点群中有 10 种。从本质上来看，在材料温度不变时，自发极化会使得材料内部部分正负电荷分离，被束缚在材料内表面两端，从而形成沿着极化方向的内建电场。这些被束缚在材料内表面的电荷会强烈吸引外界的异号自由电荷吸附在材料外表面并实现电中和，因此整个材料对外表现为不显电性。但当温度发生变化时，由于晶体自发极化随温度的变化时间比自由电荷的迁移所需的时间短得多，因此，当晶体升温或降温时，温度的变化导致自发式极化强度发生突变，而吸附的外界自由电荷来不及变化，于是在附近空间形成电场，材料两端出现电压，将两个表面用闭合电路相连时，电路中会产生电流。当温度升高时，热释电材料的自发极化强度 P 减小，自由电荷产生的电场大于自发极化所引起的内电场，表面出现多余的自由电荷；当温度降低时，热释电材料的自发极化强度 P 增大，此时自由电荷产生的电场小于自发极化所引起的内电场，表现为自由电荷较少，无法完全中和自发极化。不管是升温还是降温，热释电材料与外电路连接，都可在电路中观测到电流，且升温和降温过程中产生的电流方向相反。因此，热释电效应可以把由红外辐射引起的温度变化信号转化为电信号。根据该原理可以制备出具有热辐射响应功能的探测器，称之为热释电探测器。

热释电效应的强弱由热释电系数来表示。假设晶体的温度均匀地改变了 dT，则其自发极化强度的改变量为

$$dP = p\,dT \tag{4-38}$$

式中 p——热释电系数的大小，与材料本身的特性有关。

当温度低于居里温度 T_C 时，p 较小；当 T 达到 T_C 附近，p 急剧增加；当 T 超过 T_C，材料将失去自发极化。如果材料工作温度远低于居里温度，则 p 在很大的温度区间内不会发生大的变化。热释电系数是一个矢量，一般有三个非零分量，写成分量的形式为

$$\partial p_n = \frac{\partial P_n}{\partial T} \quad (n=1,2,3) \tag{4-39}$$

式中 p_n——热释电系数 p 的一个分量，反映了电偶极矩随温度的变化。

若在 dt 时间内，材料温度升高了 dT，对应的极化强度减小了 dP，极化强度减小导致部分束缚电荷被释放，在材料表面单位面积形成的极化电荷，在整个闭合回路中形成较为微弱的热释电电流，其电流密度可以表示为

$$J = \frac{dP}{dT} \times \frac{dT}{dt} = p\,\frac{dT}{dt} \tag{4-40}$$

热释电电流大小：

$$I = Ap\,\frac{dT}{dt} \tag{4-41}$$

式中 A——材料的电极表面积。

由上式可知，热释电材料产生相应的热释电电流的前提条件是必须有随时间变化的温度。无论材料温度多高，在其温度保持不变时，同样无法产生电流，因此热释电探测器是一种交流或瞬时响应的器件，这是热释电探测器与其他探测器的本质区别。当外界辐射以光的形式存在时，其能量变化过程为光能→热能→电能。一般而言，光热探测器的响应时间会远大于光电探测器，原因在于光热探测器建立热平衡的时间一般较长，因此其响应时间也相对较长。但由于热释电信号与热释电材料的温度变化率成正比，其测量过程不需要建立在热平衡的基础上，因此具有极快的响应时间，最低可以到 ps 量级。此外，热释电

探测器具有较宽的频率响应，它的探测频率可以达到 MHz 级，这个探测频段远超其他热探测器的探测频率；热释电探测器具有较大面积均匀的探测敏感元，在实际工作时，不需要外加偏置电压；热释电探测器件的制作工艺相比于大多数的光热探测器也更简单，易实现。

根据热释电材料产生电荷的方向不同，可将其分为面电极结构和边电极结构。在面电极结构中，电极置于热释电晶体的前后表面上，其中一个电极位于光敏面内，这种电极结构的电极面积较大，极间距离小，因而极间电容较大，故其不适于高速应用；而在边电极结构中，电极所在的平面与光敏面互相垂直，电极间距较大，电极面积较小，因此极间电容较小。由于热释电器件的响应速度受极间电容的限制，因此，在高速运用时以极间电容小的边电极为宜。

由于热释电材料本质上属于电介质，因此等效电容（C）可由式(4-42)计算出：

$$C = \frac{A\varepsilon_p}{h} \tag{4-42}$$

式中　ε_p——恒定压力下热释电材料在极化方向上的介电常数；
　　　h——材料厚度。

根据感应电荷（Q）、等效电容（C）和开路电压（V）之间的关系（$Q=CV$），结合式(4-41)、式(4-42)，可知热释电效应产生的开路电压为

$$V = \frac{P}{\varepsilon_p} h \Delta T \tag{4-43}$$

由于电容器中存储的总能量为 $\frac{1}{2}CV^2$，因此温度变化结束后热释电材料中存储的总能量（E）为

$$E = \frac{1}{2} \times \frac{P^2}{\varepsilon_p} \times Ah(\Delta T)^2 \tag{4-44}$$

通常用优值（FOM）来评估热释电材料的性能，包括电流响应优值（F_i）、电压响应优值（F_v）、探测优值（F_D）、能量收集优值（F_E）等。当热释电材料应用于热检测和红外检测等方面时，产生的热释电电流或电压是衡量性能的主要参数。F_i 和 F_v 的表达式为

$$\begin{cases} F_i = \dfrac{P}{C_v} \\ F_v = \dfrac{P}{\varepsilon_p C_v} \end{cases} \tag{4-45}$$

式中　C_v——体积比热容。

F_D 是更全面的性能评价标准，其计算方式如下：

$$F_D = \frac{P}{C_v \sqrt{\varepsilon_p \tan\delta}} \tag{4-46}$$

式中　$\tan\delta$——介电损耗。

由式(4-46)可知，热释电材料的热释电系数越大、体积比热容越小、介电常数越小、介电损耗越小，则探测优值越高，更适用于热探测及红外检测等。与应用于探测装置不

同，当热释电材料应用于热电能量转换器件时，能量收集成为最重要的考虑因素：

$$F_E = P^2 / \varepsilon_p \tag{4-47}$$

由式(4-47)可知，理想的热电能量转换材料应具有大的热释电系数和小的介电常数。因此，可以通过降低热释电材料的体积比热容、介电常数、介电损耗等方式优化热释电材料的性能。

4.1.2.4 气体体积和压强变化

利用气体吸收红外辐射能量后温度升高、体积增大的特性，也可反映红外辐射的强弱。依据这种原理可以制成高莱气动型光热探测器，又称高莱管，是科学家高莱于1947年发明的，其结构原理如图4-9所示。

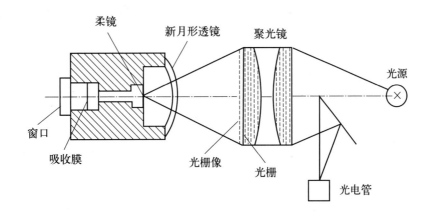

图 4-9 气动光热探测器的结构

高莱管的工作原理通常基于一层薄膜辐射吸收器，这层膜附着在密封的气体上，调制辐射通过窗口射到气室的吸收薄膜上，引起薄膜温度的周期性变化，温度的变化又导致气室内气体的膨胀或收缩，这使得气室壁前端外部镀反射膜的弹性薄膜（柔镜）发生变形。同时可见光源发出的光通过聚焦镜、光栅、新月形透镜的上半边聚焦到柔镜上，再通过它们的下半边聚焦到探测器上。当没有红外辐射入射时，上半边光栅不透光的栅线刚好可以成像到下半边光栅透光的栅线上，而上半边的透光栅线刚好成像到下半边光栅不透光的栅线上，于是没有光透过下半边光栅进入到探测器；而当有红外辐射入射时，柔镜随气室内气体体积变化发生收缩或膨胀，光栅的栅线像发生位移，于是有光进入探测器，从而从这个变量中得到探测结果，进入探测器的光通量大小与入射辐射通量成正比。

高莱管通常使用单原子气体，如氩气或氙气，因此所有的热能都将被发展成原子的平动运动，而不会像由分子组成的气体那样被吸收进内部。此外，在单原子气体中，导热系数很小，这意味着热量可以更好地保留在大部分的气体中。现有的高莱管的灵敏度通常为 10^5 V/W。高莱管的优点是：它在室温下工作，因此不需要进行冷却处理；其使用方法简单，运行成本很小，只用到来自标准插座或电池的少量电力。但因为该探测器是受热能影响的，所以其自身的热波动会限制它的探测能力；又由于大的热质量，高莱管的响应时间是相对长的，约为1s；此外，还容易受振动和强辐射的伤害，强度较差，只适合于实验室内使用。

4.2 两类无机光子探测材料

4.2.1 基于光电效应的无机光子探测材料

基于光电效应的无机光子探测材料主要可划分为两大类,即依据内光电效应和外光电效应进行区分,这两类材料各具独特的分类与特性。

内光电效应材料主要包括光电二极管和光电导材料等。具体而言,光电二极管是基于光伏效应工作的,当光照射到 PN 结时,会产生光生载流子,进而形成光电流或光电压。光电二极管具有响应速度快、频率特性好以及无须外加偏压即可工作的优点,因此被广泛应用于光通信、光谱分析等领域。而光电导材料,如光敏电阻,其电导率在光照条件下会发生显著变化,从而实现对光信号的探测。这类材料具有广泛的响应范围,从可见光到红外光均可适用,但其响应速度相对较慢。

外光电效应材料则主要涉及光电阴极,如碱金属、锑化物等。这些材料在受到光照时,能够发射出光电子,形成光电流。其中,光电倍增管中的光电阴极便是典型的例子,它能够在微弱光信号下产生显著的光电流放大效应,具有高灵敏度和低噪声的特点。然而,其应用通常需要较高的工作电压和真空环境作为支持。

基于光电效应的无机光子探测材料种类繁多、各具特色,能够满足不同领域对光信号探测的多样化需求。无论是内光电效应材料还是外光电效应材料,它们都在光子探测领域发挥着重要作用,推动着光通信、光谱分析等相关技术的不断发展。

4.2.1.1 光电二极管材料

光电二极管(photodiode,PD)是一种能将光转换成电流的半导体器件,广泛应用于通信、测量和自动控制系统等各种领域。光电二极管的性能和应用在很大程度上取决于其材料成分、类型和制造工艺。

材料的选择对光电二极管的特性(包括波长灵敏度和噪声水平)至关重要。主要使用的材料有硅(Si)、锗(Ge)、砷化镓(GaAs)、铟砷化镓(InGaAs)、铟镓砷磷(In-GaAsP)、硫化铅(PbS)、氮化镓(GaN)和碳化硅(SiC)等。

(1)GaAs 材料

GaAs 材料是较为重要、技术成熟度较高的化合物半导体材料之一。相比起 Si 半导体材料,GaAs 材料具备禁带宽度大、电子迁移率高的特性,能显著降低功耗,成本优势较高。GaAs 材料是直接带隙结构,直接带隙意味着电子在跃迁过程中直接释放光子,无须经过中间态,这使得 GaAs 在发光器件领域具有得天独厚的优势。砷化镓材料的制备工艺较为成熟,通常包括原料制备、外延生长和表面处理三个过程,基础材料制备完成后再制备成各种器件。

① 原料准备:GaAs 的制备首先需要纯净的镓和砷原料。通常采用高纯度金属镓作为原料,As 则可以通过化学反应、气相沉积或分子束外延等方法进行制备。

② 外延生长：外延生长是 GaAs 薄膜制备的关键步骤。常用的方法有金属有机化学气相外延（MOCVD）、有机金属气相外延（OMVPE）等。这些方法通过热分解有机金属前驱体，使得金属原子和 As 原子在基底上进行沉积，形成薄膜。外延生长过程中的温度、气体流量和压力等参数对薄膜质量有重要影响。

③ 表面处理：GaAs 薄膜的表面一般不是最理想的，因此需要进行表面处理以提高晶体质量。这包括去除薄膜表面的氧化物、砷化物和有机残留物等。

GaAs 作为一种性能优异的半导体材料，具有高迁移率、高光电转换效率、较窄的谱线宽和高的功率稳定性，有着广泛的应用前景，例如用于电子器件和光电子器件领域。

但在传统的共面 GaAs 金属-半导体-金属光电探测器（metal-semiconductor-metal PD，MSM-PD）器件中，光吸收层深处电场较弱，产生的光生载流子到达电极前在弱电场作用下的传输距离很长，进而降低了载流子的收集效率，造成了一个长的下降时间拖延，一定程度上影响了器件的频率响应带宽。为了改善这一状况，研究者们提出在铝砷化镓（AlGaAs）缓冲层上方制备器件，但是这种方法同时会导致器件量子效率的下降。

光电二极管材料在经过一段时间的使用后，性能衰退难以避免。表面钝化可以保护材料免受环境污染的影响，从而提高材料的稳定性。2005 年，李清庭等人使用光电化学氧化的方法直接在两电极之间的半导体感光区域增加了一层氧化钝化膜，将材料暗电流从 70.0pA 降低为 13.7pA，并且氧化钝化层减少了表面态，降低了表面击穿的概率，使其击穿电压从 42.5V 提高到 52.5V。

区别于载流子在半导体材料中三个空间维度均可运动的传输方式，二维电子气或空穴气（2DEG 或 2DHG）特指载流子的传输被约束在某个特定平面内的情形。当 N 型 $Al_xGa_{1-x}As$ 与不掺杂 GaAs 接触时，由于重掺杂 N 型 $Al_xGa_{1-x}As$ 的费米能级距离导带底很近，远高于位于禁带中部附近的 GaAs 费米能级，因此电子聚集在 PN 结处 GaAs 区，在 GaAs 近结处形成势阱，势阱中的电子在与结平行的二维平面内做自由电子运动，即形成了 2DEG。其优点在于电子供给区是在 N 型 $Al_xGa_{1-x}As$ 中，而电子传输过程是在不掺杂 GaAs 中进行，由于二者在空间中是分离的，所以消除了电子在传输过程中所受的电离杂质散射作用，从而大大提高了电子的迁移率。

(2) InGaAs 材料

随着光纤通信向长波长方向发展，人们自 20 世纪 80 年代后期开始开展 InGaAs 材料 MSM-PD 的相关研究。InGaAs 是一种 Ⅲ-Ⅴ 族合金材料，其截止波长可在 $0.8\mu m$（GaAs）至 $3.5\mu m$（InAs）范围内变化，但由于它不能像碲镉汞（TeCdHg）探测材料那样响应在 $3\sim 5\mu m$ 或者 $8\sim 12\mu m$ 大气窗口，因此在某些方面（如焦平面制作）未受到人们更多的关注。实际上，InGaAs 材料的优点也较多：

① InGaAs 材料系统可使用的生长技术多样化，且较先进，它是一种比 TeCdHg 更容易生长的合金材料；

② 具有高的灵敏度和探测率；

③ 可在室温下工作，降低了对制冷器的要求，甚至可以取消使用制冷器。

InGaAs 材料的制作方法有多种，如分子束外延（MBE）、金属-有机化学气相沉积

(MOCVD)、氢化物输运气相外延（VPE）等。1987 年，IBM 公司的梅尔塔夫等人报道了第一个 InGaAs MSM-PD，这种材料生长在 GaAs 衬底上，在 1.3μm 波长光照下的响应速度为 48ps。随后，基于 InP 衬底的 InGaAs MSM-PD 也被相继报道，与 GaAs 衬底上生长的样品相比，减小了薄膜应力，降低了工艺难度。1996 年，布彻尔等人报道了基于亚微米的 InGaAs MSM-PD，响应带宽达到 40GHz 以上。

但是 InGaAs 材料与金属接触势垒高度较低，低的势垒高度会导致较大的暗电流。因此，通常在 InGaAs 材料与金属中间增加一层带隙超过 InGaAs 的外延层作为势垒增强层，如非掺杂磷化铟（InP）层、铁掺杂 InP 层、InAlAs 层、AlGaAs 层、InGaP 层、介质层、其他金属膜等。例如，1991 年，史常忻等人利用低温 MOVPE 技术，成功研制出具有非掺杂 InP 肖特基势垒增强层的 InGaAs MSM-PD，在 1.5V 下其暗电流小于 60nA（光敏面积：$100\times100\mu m^2$），在 6V 下上升响应时间小于 30ps，其响应率为 0.42A/W。需要指出的是，所引入势垒增强层的表面态有时会造成不同材料的性能迥异，因此研究者们提出对势垒增强层的表面进行钝化以提高材料性能的可重复性。1999 年，庞智等人介绍了一种硫钝化 InP 势垒增强层表面的高性能 InGaAs MSM-PD，实现了材料性能的稳定且可重复。

（3）Si/Ge 材料

Si 和 Ge 材料的带隙属于间接结构，室温下 Si 的带隙为 1.12eV，Ge 的带隙为 0.67eV。其带隙变化遵循量子限制效应，这是在 Si 和 Ge 材料中获得直接带隙发射，以及在 Si 芯片上开发 Si 和 Ge 激光器的好方法。

基于 GaAs、InGaAs 材料的长波段光电二极管材料已经被大量研究，而在 800nm 的光通信波段，GaAs 和 Si 光电二极管材料是可以相互替代的，并且 Si 光电二极管材料与 GaAs 光电二极管材料相比，制备成本更低，更容易实现大规模集成。Si/Ge 材料的制备工艺主要有两种：利用分子束外延和金属有机化学气相沉积等方法生长在硅衬底上。分子束外延是一种高真空下生长薄膜的技术，可以精确控制厚度和组成的均匀性，而化学气相沉积则采用气体在高温下的反应生成薄膜，具有高产量和较低成本的优势。此外，为了进一步提高 Si/Ge 材料的性能，还可以采用表面等离子体增强化学气相沉积（PECVD）等工艺来修饰表面。

关于 Si 光电二极管材料，最早的报道见于 1991 年。1993 年，Si 光电二极管材料被期刊正式报道时，频率响应带宽在 465nm 波长下已经达到 75GHz。该工作还表明受硅本身吸收深度的影响，器件在 800nm 附近响应速度明显变慢，相应地，频率响应带宽为 38GHz。研究表明，由于硅的载流子迁移率比较低，并且对入射光具有比较大的吸收长度（如对 800nm 波长的光具有约 10μm 的吸收长度），因此 Si 基 MSM 结构光电探测器的响应速率比较低。李志海等提出利用 3～7μm 厚的硅薄膜（厚度小于其在 830nm 波长下的吸收深度 12.7μm）制备 Si MSM-PD，明显提升了响应速度。

Ⅲ-Ⅴ族光电探测器虽然在 1.3～1.55μm 的通信波段取得了极大的成功，但是它们与硅半导体工艺的集成始终是一个难题。在这样一个背景下，研究者们开始探究 SiGe 结构的光电材料。1998 年，科拉切等人报道了在 Si 衬底上外延生长 Ge 来制备光电二极管的材料。为了将晶格失配引起的位错影响降到最低，他们在 Si 和 Ge 之间引入了一层低温生长的 Ge 缓冲层。该探测器在波长 1.3μm 和 1.55μm 下均展现了较好的响应率，偏压为 1V 时响应率为 0.24A/W。这种在硅衬底上外延生长 Ge 材料的结构可以充分发挥 Si 和 Ge 各自的优势。

4.2.1.2 光电导材料

光电导材料是指拥有光电导效应的材料。在前面一节已经提到过，光电导效应就是半导体受光照射后，其内部产生光生载流子，使半导体中载流子数显著增加而电阻减小的现象。光电导效应也是半导体材料的一种"体"效应。光电导材料是一种灵敏、快速的光电探测材料。利用光电导材料制成的光电探测器能灵敏、快速地将接收到的光信号转换成对应的电信号，因此被广泛地应用于国民经济、军事、科学技术等各个领域和社会生活的方方面面，特别是在现代高新技术之中。

利用光电导效应原理工作的探测器称为光电导探测器。作为半导体材料的一种体效应，光电导效应无须形成 PN 结。光照越强，光电导材料的电阻率越小，故光电导材料又称为光敏电阻。

根据半导体材料的分类，光敏电阻有两种类型，即本征型半导体光敏电阻和掺杂型半导体光敏电阻。其中，本征型半导体光敏电阻只有当入射光子能量（$h\nu$）等于或大于半导体材料的禁带宽度时才能在外加电场作用下形成光电流，而掺杂型半导体（N 型或 P 型）光敏电阻只要入射光子的能量等于或大于杂质电离能，就能在外加电场作用下形成电流。从原理上说，P 型和 N 型半导体均可制成光敏电阻，但由于电子的迁移率比空穴的大，而且用 N 型半导体材料制成的光敏电阻性能较稳定，特性较好，故目前大都使用 N 型半导体光敏电阻。

光敏电阻根据光谱特性可分为三种：红外光敏电阻、紫外光敏电阻和可见光光敏电阻。

① 红外光敏电阻材料：硫化铅（PbS）、碲化铅（PbTe）、硒化铅（PbSe）、锑化铟（InSb）、锗（Ge）掺杂材料等。

② 紫外光敏电阻材料：硫化镉（CdS）、硒化镉（CdSe）等。

③ 可见光光敏电阻材料：硫化镉（CdS）、硒化镉（CdSe）、硫化铊（Tl_2S）等。

（1）硫化铅（PbS）光敏电阻材料

虽然早在 1901 年时美国学者鲍斯就发现了 PbS 的光电导性，但第一批 PbS 光敏电阻试样却是德国在第二次世界大战开始前制造的。随着近几年来光敏电阻的发展，PbS 光敏电阻已经成为具有高灵敏度的红外探测材料之一。PbS 是Ⅳ-Ⅵ族直接带隙半导体材料，具有较窄的禁带宽度（室温下为 0.41eV）和较大的激子玻尔半径（约为 18nm），对材料中的空穴和电子起到强量子约束作用。根据有效质量模型控制晶体尺寸来调节带隙，可以得到多种纳米结构的 PbS，提高其光学和电学性能。PbS 光敏电阻在辐射高温测量、冶金方面的光电继电器及其他自动装置中也获得了广泛运用。

PbS 光敏电阻的各种制造工艺可能各不相同。最常见的是化学浴沉积（CBD）法，是指在溶液中利用化学反应或电化学原理给基底材料表面沉积 PbS 膜的一种技术。通过控制沉积时间，可改变 PbS 薄膜的厚度和微观结构，实现对 PbS 薄膜禁带宽度的调控。化学浴沉积法具有设备简单（不需要真空设备）、成本较低、衬底选择多样、膜层致密均匀等优点，但使用该法得到的薄膜尺寸较小，且容器壁上也会沉积薄膜，对原材料会造成一定程度的浪费。

PbS 在室温下响应波长为 $1\sim3.5\mu m$，主要以多晶形式存在，具有相当高的响应率和探测率，其响应光谱随工作温度而变化。PbS 光敏电阻在冷却情况下，相对光谱灵敏度随温度降低时，灵敏范围和峰值范围都向长波方向移动，温度降低引起灵敏度升高。因而某些 PbS 光敏电阻的结构只能装在带真空瓶或半导体的冷却装置中。

PbS 的主要缺点是响应时间长，在室温下一般为 $100\sim300\mu s$，在 77K 下为几十毫秒。单晶 PbS 的响应时间可以缩短到 $32\mu s$ 以内。另外，其光敏面不容易制作均匀，低频噪声电流也较大。

（2）碲化铅（PbTe）光敏电阻材料

对于 PbTe 的光电导性，在第二次世界大战期间德国曾进行过研究，但是由于当时的 PbTe 光电元件特性还不及硫化铅元件，所以 PbTe 光敏电阻没有被实际采用。不过许多国家的进一步研究表明，在适当冷却情况下，这种光敏电阻是极其灵敏的红外探测器。这也就决定了 PbTe 光敏电阻在红外技术中能继续应用。

PbTe 是一类典型的窄禁带半导体材料，具有直接带隙的能带结构，其带隙位于布里渊区的 L 对称点，且具有正的温度系数关系，在常温下为 $0.2\sim0.4eV$。

要同时获得高的积分灵敏度与所需的光谱灵敏度，PbTe 材料必须在氧气中进行热处理。一般用分子束外延（molecular beam epitaxy，MBE）法制造 PbTe 光敏膜层，其厚度约 $1\mu m$。分子束外延工艺是一种用于生长薄膜和结构材料的高精度制备工艺。这种工艺利用分子束无需载体的特点，以及高真空条件下的逐层生长机制，实现高质量、高纯净度的薄膜和纳米结构的制备。MBE 法的优点是具有高精度控制能力，通过调节分子束的流量、能量和角度，精确控制生长过程中的各种参数，如层厚、组分、成分梯度、异质结构等。这种高精度控制能力提供了极大的灵活性，能够实现特定需求下的定制化生长。并且，其无需载体的特点可以避免外来杂质的引入和扩散。然而，分子束外延工艺也存在一些缺点：首先，由于需要维持高真空条件，设备和实验条件比较复杂，设备和运行成本相对较高；同时，分子束外延过程中的基片温度一般较高，可能导致一些材料的热分解和热扩散现象；此外，分子束外延工艺对于大面积薄膜生长的工艺优化还存在一定的挑战性。

PbTe 光敏电阻的性能与硫化铅光敏电阻很相似，灵敏度随温度下降而显著上升，同时光谱特性的最大值及灵敏度的长波限也向长波长移动。不过，这种光敏电阻在室温下灵敏度并不显著，因此在结构中一般都有冷却装置。在 $-186℃$ 的温度下，PbTe 光敏电阻的光谱特性在 $\lambda=4.5\mu m$ 区灵敏度最大，长波限达 $6\mu m$。光敏元件的面积为 $1cm^2$ 时，对于 $\lambda=4.5\mu m$ 的阈灵敏度为 $9\times10^{-11}W$。PbTe 光敏电阻的时间常数为 $10\times10^{-6}s$，通常小于硫化铅光敏电阻。

（3）硒化铅（PbSe）光敏电阻材料

PbSe 光敏电阻的性能与 PbS 及 PbTe 光敏电阻有许多相似之处，而其制造工艺在原则上与 PbS 光敏电阻并无区别。PbSe 光敏电阻的灵敏度在冷却状态和在室温下都很高，还可在高温下工作。这种光敏电阻的灵敏度阈值为 10^{-8} W。时间常数很小也是 PbSe 光敏电阻的典型特征，它和 PbTe 光敏电阻一样，通常只有 $10\mu s$ 左右。PbSe 光敏电阻的暗电阻为 108Ω 左右。由于在很宽的光谱范围内有高灵敏度，同时时间常数小，这种光敏电阻在红外技术的各领域中也有广泛应用。

(4) 硫化镉（CdS）光敏电阻材料

CdS 作为一种重要的直接带隙 II-VI 族半导体材料，具有明显的光电性能，吸引了许多研究人员的注意。对这种半导体内光电效应的系统研究始于 1946 年，大约在 1950 年就制成了第一批光敏电阻的试样。1951 年，乌克兰科学院物理研究所研究出单晶体 CdS 光敏电阻。这种光敏电阻很快就用牌号 ΦCK-M1 及 ΦCK-M2 投入生产。大约同一时期，柯洛米耶茨揭示了多晶体 CdS 的光电性能，因而早在 1952 年时就制成了多晶体 CdS 光敏电阻。

ΦCK-M1 及 ΦCK-M2 型光敏电阻的结构与制造工艺较为简单。CdS 的单晶体是在高温下的气体介质中培育成的。而后用特殊漆将尺寸 12mm×10mm×2mm 的单晶体胶黏在边缘底板上。晶体的边缘装上金属电极，最后装入硬橡胶盒内。此外，还可利用化学浴沉积法以及真空蒸发法等制备 CdS 光敏材料。化学浴沉积法在前文已介绍过，在此不再赘述。而对于真空蒸发法，可使用磁控溅射/真空蒸发一体化镀膜机进行薄膜制备。磁控溅射/真空蒸发一体化镀膜机以磁控溅射和真空蒸发技术为主体，该设备由抽真空系统、镀膜室、磁控溅射靶、蒸发电极、基片旋转台、工作气体供给、水冷循环系统、控制系统等部分组成。

CdS 薄膜的性质是由薄膜结构决定的，而影响薄膜结构的关键是其制备和形成过程。以真空蒸发法为例，用这种方法制备 CdS 薄膜，是从气相开始且蒸发腔的压强在 10^{-2} Pa 以下，通过给蒸发舟加热使 CdS 粉末达到熔点而获得形成薄膜的蒸气，CdS 蒸气在基底表面通过吸附、凝结、团聚、长大等过程，形成连续的 CdS 薄膜。

CdS 光敏电阻的积分灵敏度很高，在 70V 电压下为 0.5~3A/lm（ΦCK-M1 型）及 3~10A/lm（ΦCK-M2 型）；ΦCK-M1 型的暗电流为 10^{-8}~10^{-10} A，而 ΦCK-M2 型为 10^{-6}~10^{-8} A，在 100lx 照度下的电阻变化倍数可达 10^6 左右。

两种光敏电阻的稳定性都很高，并且除上述的性能外，单晶体 CdS 光敏电阻还对 X 射线具有优异的敏感性，可用于制作 X 射线指示器和剂量仪。

(5) 硒化镉（CdSe）光敏电阻材料

CdSe 因为具有良好的光电性能而受到广泛的关注。在 20 世纪 40 年代末，德国曾经从单晶体 CdSe 中取得第一批光敏电阻的试样，英国在 1951 年也制成层状 CdSe 光敏电阻。1956 年，苏联学者用多晶体 CdSe 制造出高灵敏度光敏电阻。这种光敏电阻的灵敏度甚至高出重 ΦC-K 系列的灵敏度好几倍。

CdSe 的响应范围为 0.3~0.85μm。硒化镉同硫化镉相比，响应时间较短。

(6) 其他光敏电阻材料

其他光敏电阻材料还有锑化铟（InSb）、砷化铟（InAs）、碲镉汞（HgCdTe）、硫化铋（BiS）以及锗掺杂材料等。InSb 是用得非常广泛的一种红外光导材料，其制备工艺比较成熟和简单，主要用于探测大气窗口（3～5μm）的红外辐射。在室温下，长波阈值可达 $\lambda=7.5\mu m$，其峰值为 $\lambda_m=6\mu m$；在 77K 下工作时，长波阈值为 $\lambda=5.5\mu m$，峰值为 $\lambda_m=5\mu m$。锗掺杂材料的特点是响应时间较短，在 0.01μs 至 1μs 之间，且能响应长波长的红外光，探测波长可至 130μm，这是其他探测器所达不到的。但它的工作温度较低，有时要求工作在液氦温度 4K 以下。

探测、传感技术的发展离不开高性能的光电器件材料。在未来研究中，响应速度更快、响应效率更好、灵敏度更高、响应频率更宽的高性能光电导材料，将是光电导技术研究的主要发展方向。人类已经进入信息时代，半导体和微电子技术无疑是信息社会的核心技术之一。在光电子技术的革命中，光电导材料会在光学、集成光电子学和分子电子学领域发挥重大作用；另外，在人工智能以及神经网络和模拟人脑等相关的语言和图像的识别中，作为一种性能不断优化的基础元器件材料，光电导材料也将会做出巨大的贡献。

4.2.1.3 光电阴极材料

（1）光电阴极材料的概念

光电阴极是根据外光电效应制成的光电发射材料。真空光电器件利用光电阴极在光辐射作用下向真空中发射光电子的效应来探测光信号。这种光电器件是一种真空型的光电器件。真空光电器件可以是成像型的，也可以是非成像型的。真空光电器件有以下突出优点：易于在管内实现快速、高增益、低噪声的电子倍增；易于制取大面积、均匀的光敏面；像元密度大，可得到很高的空间分辨率。因而真空光电器件被广泛用于探测极微弱的光辐射、变化极快的光辐射及空间分辨率要求很高的精密测量和光电成像。

阴极是指电子器件中发射电子的一极（电子源）。阴极发射电子有两种方式：增加电子能量和削弱阻碍电子逸出的力。增加电子能量的方式又可分为热电子发射和光电子发射两种，光电阴极材料就是依靠光电子发射原理来工作的一种光电材料。能够产生光电发射效应的物体称为光电发射体，光电发射体在光电器件中常与阴极相连，故称为光电阴极，如图 4-10 所示。光电发射效应是一种外光电效应。前面也提到过，当光照射某种物质时，若入射的光子能量足够大时，它与物质的电子相互作用，致使电子逸出物质

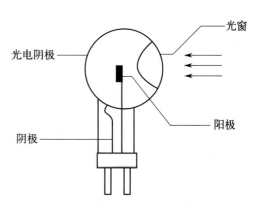

图 4-10 光电阴极结构

表面，这就是光电发射效应，它是真空光电器件光电阴极的物理基础。光电发射的两大定律，即斯托列托夫定律和爱因斯坦定律，在 4.1.1.1 节已经详细阐述过，此处不再赘述。

（2）适用于光电阴极的材料

金属光电发射的反射系数大、吸收系数小、碰撞损失能量大、逸出功大、量子效率很低，大多数金属的光谱响应都在紫外或远紫外范围，因此它们只能适用于要求对紫外灵敏的光电器件。随着光电器件的发展，特别是微光夜视器件的发展，需要在可见光、近红

外、红外范围内具有较高量子效率的光电发射材料，这推动了各种实用光电阴极及半导体阴极的发展。半导体吸收系数大，散射能量损失小，量子效率比金属大得多。

根据国际电子工业协会的规定，把负电子亲和势（NEA）光电阴极出现以前的各种光电阴极按其发现的先后顺序和所配的窗材料不同，以"S-数字"形式编排，常称为实用光电阴极。

① 银氧铯光电阴极。银氧铯（Ag-O-Cs）光电阴极（S-1）是最早出现的一种实用光电阴极。它是通过在银（Ag）薄膜上以辉光放电的方法氧化后再引入铯（Cs）敏化，制成的对近红外线敏感的一种光电阴极。银氧铯光电阴极早期在红外变像管中得到应用。

Ag-O-Cs 光电阴极有两个明显的缺点：

一是在室温下热电子发射较大，典型值为 $10^{-11} \sim 10^{-14} A/cm^2$。

二是该阴极存在疲乏现象，即随所用时间增长，电子发射能力下降。光强越强，疲乏越厉害；光波愈短，疲乏越严重，对红外线几乎观察不到疲乏；阳极电压增大，疲乏增大；温度降低，疲乏增大。

Ag-O-Cs 光电阴极的制备工艺简单、成本低，因此延伸它的长波阈值和提高它的红外灵敏度是一个重要发展方向。该类阴极在主动微光夜视仪器中获得了应用。

② 锑铯光电阴极。锑铯（Sb-Cs）光电阴极的型号主要有 S-4、S-5、S-11、S-13 等。这种光电阴极的工艺和理论比较成熟，在光电管、光电倍增管中得到了广泛应用。

Sb-Cs 光电阴极的光谱响应在可见光区，光谱峰值在蓝光附近，阈值波长截止于红光，其短波部分的光谱响应可达到紫外区。它的灵敏度比 Ag-O-Cs 阴极高得多，量子效率可达 10%～20%。暗电流密度约 $10^{-16} A/cm^2$，疲乏效应比 Ag-O-Cs 阴极小。

Sb-Cs 光电阴极制备工艺比较简单，仅由 Cs 和 Sb 两种元素组成，结构简单。几十年来，科学家们对这种光电阴极的成分和结构进行了较深入的研究，所以 Sb-Cs 光电阴极是目前理论和工艺方面最成熟的一种光电阴极。蒸镀沉积法是制备 Sb-Cs 光电阴极的典型方法，制备过程：首先在容器的内表面蒸镀 Sb，将该蒸镀层暴露于 Cs 蒸气中，蒸镀 Cs 的同时监测光电流直至峰值停止蒸镀，从而形成 Sb 层和 Cs 层，构成光电阴极。

Sb-Cs 光电阴极为立方对称结构，化学组成为 Cs_3Sb，并含有轻微过量 Sb。Sb-Cs 光电阴极是 P 型半导体，主要杂质能级是受主引起的。这个受主能级是由于 Sb 的化学计量过剩而形成的，因为受主能级处在价带附近，所以 Sb-Cs 光电阴极的热发射低，电导率高。Sb-Cs 光电阴极具有氧敏化的特点，敏化后它的积分灵敏度可提高 1.5～2 倍，并使光谱响应曲线向长波方向移动，长波阈达 800～900nm。在蒸镀的 Cs_3Sb 上再蒸镀上一层本征 Cs_2O，可降低 Cs_3Sb 层的电子亲和势，拓展响应波长，提高光发射电流。

③ 多碱光电阴极。Sb-Cs 光电阴极是 Sb 与一种碱金属的化合物，也可称为单碱光电阴极。除了 Cs 以外，Sb 还可与其他碱金属组成单碱化合物，如 Rb_3Sb、K_3Sb 等。当 Sb 与几种碱金属如钠（Na）、钾（K）、铷（Rb）等形成化合物时，人们发现它具有比单碱光电阴极更高的光电灵敏度，其中有双碱光电阴极（如 Sb-K-Cs、Sb-Rb-Cs 等）、三碱光电阴极（如 Sb-Na-K-Cs）和四碱光电阴极（如 Sb-K-Na-Rb-Cs）等，双碱、三碱、四碱光电阴极统称为多碱光电阴极。无论是单碱还是多碱光电阴极，其化学组成关系均为1个 Sb 原子和3个碱金属原子。

1955年，萨默发现，Cs-K-Na-Sb组合在整个可见光谱内具有比任何光电阴极材料都高的量子产额。有了多碱光电阴极，20世纪60年代中期，第一代像增强器才成为现实。70年代初，微通道板出现后，第二代像增强器问世，在性能上比起第一代有了长足的进步。

多碱光电阴极的制备工艺大都采用了在过量Na的情况下，反复加入K和Sb，最终把Na和K的比率调整到接近2∶1，从而获得最佳灵敏度，通常所用的典型工艺为：

a. 蒸Sb：缓慢蒸发，当白光透过率降至原始状态的70%~80%时停止蒸镀。

b. 引K：在160℃温度下，蒸发K，使K与Sb膜发生化学反应生成K_3Sb。观察其光电流上升至峰值并略有下降。

c. 引Na：在220℃温度下，将K_3Sb暴露在Na蒸气中，使K逐渐被Na置换。观察其光电流上升到峰值，并有明显下降，表明Na已过量。

d. Sb、K交替：温度下降至160~180℃，反复引入Sb和少量K，直至获得最佳灵敏度，即Na∶K=2∶1。其Sb、K交替的次数取决于Na过量的程度，完成这一步后就形成了锑的双碱化合物Na_2KSb光电阴极。

e. Sb、Cs交替：保持温度在160℃下，Sb、Cs交替与Sb、K交替相同，反复引入Sb和Cs，直到光电流达到峰值为止。最终形成的多碱光电阴极可表示为（Cs）Na_2KSb。最后的Sb、Cs交替要控制好，尽量使表面层做得比较薄。

多碱阴极有S-20、S-25等类型，S-20阴极的量子产额一般为10%左右，最大可达20%，长波阈延伸到0.87μm，峰值位置在420nm，灵敏度重复性好，暗电流密度为$3 \times 10^{-16} A/cm^2$。

S-25阴极是在S-20的基础上，对原工艺进行研究和改进而获得的，被誉为超二代光电阴极。其主要特点是光谱响应向红外延伸，可达900nm，峰值灵敏度向长波方向移动，黄光（550~600nm）和红光（630~760nm）的光电灵敏度也增加了。如超二代光电阴极，其峰值响应移到800nm，峰值响应率达80mA/W。

多碱光电阴极的结构为$Na_2KSb + K_2CsSb + Cs_3Sb$。一般认为，性能良好的多碱光电阴极的主要成分是由$Na_2KSb$构成的P型半导体，并存在少量的其他化合物，如六角形Na_3Sb、K_3Sb或NaK_2Sb等。Na_2KSb的电子亲和势$E_A = 1.0eV$，$E_g = 1.0eV$。最外层是K_2CsSb层，厚1~3nm，$E_A = 0.55eV$。

④ 负电子亲和势光电阴极。光电子要逸出表面，首先要使电子受激到导带上去，然后向表面运动而散射掉一部分能量，在到达表面时电子要克服表面有效电子亲和势E_{Aeff}才能逸出。前面讲到，在实用光电阴极中，真空能级与体内导带底之间能量差即有效电子亲和势E_{Aeff}均大于0，即都为正值。但若要扩展探测器长波方向的光谱响应，必须减小E_{Aeff}，在E_{Aeff}等于零或小于零时，阈值波长最大。美国科学家席尔等用铯（Cs）吸附在P型GaAs表面得到了零电子亲和势（指有效电子亲和势）；后来，又有研究用Cs、O吸附在GaAs上得到了负电子亲和势（指有效电子亲和势）光电发射体，其白光灵敏度得到了大幅提高，从此Cs或O激活Ⅲ-Ⅴ族化合物成为研制负电子亲和势（NEA）光电阴极的通用方法。

上述GaAs NEA光电阴极的发射过程用偶极层模型来解释。如图4-11(a)所示，由于 GaAs:Cs₂O 阴极中，Cs、Cs₂O 层相当于 4~5 个单原子层，它只组成一个 Cs 单层和一个 Cs₂O 单层，对于这样的薄层，不能形成半导体异质结。GaAs 与 Cs 形成第一个偶极层，其厚度约为 $1.69Å$❶，将电子亲和势降为 0；第二个偶极层由 Cs-O-Cs 组成，厚度约为 $8Å$，将电子亲和势降为 $-0.43(=0.97-1.4)\text{eV}$。整个激活层厚度约为 $12Å$。一定厚度的偶极层可以看成是表面真空能级 E_0 以上形成一个有效位垒，这个有效位垒使有效电子亲和势 $E_{A\text{eff}}<0$，GaAs 导带底上的电子以小于 1 的概率穿透有效位垒，越过 E_0 而逸出，如图 4-11(b) 所示。

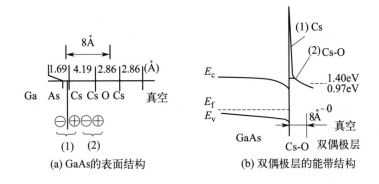

图 4-11　双偶极层模型

对于负电子亲和势阴极（NEA 阴极）的制备往往有着特殊的工艺要求。NEA 阴极对掺杂浓度和表面清洁状况要求很严，主要表现为以下几方面：

a. 纯净的无油超高真空系统。在 GaAs 单晶表面，即使有很微量的残余气体单分子层，也会使阴极报废。研究指出，形成残余气体单分子层的时间由真空度决定，在 10^{-4}Pa 时，只需 1s；在 10^{-5}Pa 时，需要 10s；在 10^{-6}Pa 时，需要 100s。故制作阴极时一般要求真空度为 10^{-9}Pa。

b. 纯净的 GaAs 单晶。哪怕是很微量的杂质，也会严重影响 NEA 光电阴极的灵敏度，而一般单晶由于杂质含量高和不均匀，根本不能作为电子发射层，因此必须生长纯净的、掺杂浓度合适的 GaAs 单晶。掺杂均匀，浓度在 $2\times10^{19}\sim6\times10^{18}\text{cm}^{-3}$，C 含量小于 10^{16}cm^{-3}。目前所用的外延方法有液相、气相、分子束外延和有机金属气体化学气相沉积等。

c. 净化表面。生长好的单晶层，在激活之前，应对其表面进行清洁处理。去除表面的 C、O 污染和表面的氯化层，有加热到蒸发温度、氩离子轰击、电子轰击等方法进行净化处理。C 在表面的含量小于 1% 单层，无 Cl、S、Na 等元素原子。

NEA 最大的优点是量子效率比常规发射体高得多。除此之外，它的阈值波长延伸到了红外区，且由于"冷"电子发射，能量分散小，在成像器件中分辨率极高，在延伸的光谱区内其灵敏度均匀。

---

❶　$1Å=10^{-10}\text{m}$。

4.2.2 基于光热效应的无机光子探测材料

基于光热效应的无机光子探测材料是一个重要的研究领域。该类材料在吸收光辐射能量后,将光能转化为热能,进而引起材料电学或物理性质变化,以此来实现光子探测。其基本原理在于,当光子照射到材料表面时,若光子的能量大于或等于材料的吸收阈值,光子将被材料吸收并转化为内能,导致材料局部温度升高。随后,热能会在材料内部传递和积累,引起材料整体或局部的温度变化,这一过程中热能可能通过热传导、热对流或热辐射等方式在材料内部或向外部环境传递。随着温度的升高,材料的电学特性会发生变化,如半导体材料中载流子浓度的增加和电阻率的下降,或金属材料中电阻率的上升。这些电学特性的变化可以被探测器捕捉并转化为可测量的电信号,从而实现光子探测。具体而言,光热效应在光子探测中的应用过程包括光子吸收、热能传递与积累、电学特性变化以及信号转换与输出,这四个步骤共同构成了基于光热效应的光子探测机制。

与基于光电效应的光子探测技术相比较,光热效应展现出几个显著的不同之处。

首先,在作用机理上,光电效应是通过光子直接激发材料中的电子,使其跃迁到更高的能级,从而产生电子-空穴对并形成电流或电压;而光热效应则是在探测元件吸收光辐射能量后,将光能转化为晶格的热运动能量,引起探测元件温度上升,进而改变其电学或其他物理性质。

其次,在性能特点上,光电效应探测器通常对特定波长的光具有较高的灵敏度,光谱响应范围相对较窄,且响应速度较快;而光热效应探测器由于光热效应对光波频率没有选择性,因此对所有波长的光都有一定的响应,光谱响应范围较宽。然而,光热效应探测器的响应速度较慢,因为温度变化是热累积的结果,需要一定的时间才能被探测到。此外,光热效应探测器一般无需制冷,可以在室温下工作,这降低了设备成本和复杂性。

最后,在应用领域上,光电效应探测器因其高灵敏度和快速响应的特点,在制导、红外夜视、航空航天等军事科研领域,以及光谱分析、光通信等高精度测量场合有着广泛的应用;而光热效应探测器则因其宽光谱响应范围和无需制冷的优点,在红外探测、热成像、环境监测等领域展现出广泛的应用潜力。特别是在红外波段上,由于材料吸收率高,光热效应更强烈,光热效应探测器在红外线辐射的探测方面具有独特的优势。

接下来,我们将深入探讨基于光热效应的无机光子探测材料,包括热电材料、热敏材料、热释电材料等多种类型。对这些材料,将根据它们的性质和制备工艺进行分类阐述。在描述过程中,我们将略去光热转换的具体过程,而更多地聚焦于热电材料、热敏材料、热释电材料的基本原理与性能特征。

4.2.2.1 热电材料

热电材料是一种能将热能和电能相互转换的功能材料,其主要原理是 4.1.2.1 节提到的温差电效应。热电偶则是热电材料运用最成熟的器件。热电偶是温度测量仪表中常用的测温元件,可以实现温度到电势的转换。热电偶传感器由两种不同的金属导体材料 A 和 B 组成,A 和 B 焊接在一起形成温度结点,这样两段不同的配偶材料通过两个温度结点形成闭合回路。当两端的温度结点存在温度差时,由于塞贝克效应,回路中便会产生电势差,根据电势差的大小便可以测定温度的高低。利用不同金属材料组成的热电偶,其电势大小和温度差的对应关系不同。在实际应用中,热电偶传感器会部署多个,一般多于控制器,且需要频繁读取各个传感器的数值,以便实时掌握环境参数。热电偶的测温范围较宽,一般为-200~1700℃,因此在各类测试系统中被广泛应用。

(1) 热电偶的材料种类及特点

如表4-1和表4-2所示,热电偶按照两种金属导体材料的组合方式可分为8类,其中B、R、S型热电偶被称为贵金属热电偶,而N、K、E、J、T型热电偶被称为廉金属热电偶。含有铂、铑等熔点较高金属的贵金属热电偶被用来采集1000℃以上的温度,而廉金属热电偶则常用于采集低于1000℃的温度。

表4-1 不同材料组成的热电偶

种类符号	正极材料	负极材料	采集范围
B	铑含量为30%的铂铑合金	铑含量为6%的铂铑合金	+600~+1700℃
R	铑含量为13%的铂铑合金	铂	0~+1100℃
S	铑含量为10%的铂铑合金	铂	+600~+1600℃
N	以镍、铬和硅为主的合金	以镍和硅为主的合金	-200~+1200℃
K	以镍和铬为主的合金	以镍和铝为主的合金	-200~+1200℃
E	以镍和铬为主的合金	以铜和镍为主的合金	-200~+900℃
J	铁	以铜和镍为主的合金	-40~+750℃
T	铜	以铜和镍为主的合金	-200~+350℃

表4-2 不同种类的热电偶的特点

热电偶类型	使用特点
B型热电偶	由于相较其他贵金属热电偶,其铑含量更高,所以熔点和机械强度更高,使用寿命长。具有准确度高、稳定性好、测温温区宽、测温上限高等优点。适用于氧化性和惰性气氛中,也可短期用于真空中,主要用于采集R/S型热电偶无法适用的温度更高的区域
R型热电偶	贵金属热电偶中R型热电偶的使用率高,其具有很高的热电感应系数,测温精度较高,能够满足精密测温的需求,且优良的耐腐蚀性能使其能够在恶劣的环境中长期稳定工作,适用于对耐久性有一定要求的高温区域
S型热电偶	物理、化学性能良好,热电势稳定性及在高温下抗氧化性能好,适用于氧化性和惰性气氛中。但它对污染非常敏感,高温下机械强度降低,而且材料贵重
N型热电偶	常用于+1000℃以上的高温区域,线性度好,热电动势较大,灵敏度较高,稳定性和均匀性较好,抗氧化性能强,价格低廉,综合性能良好,是一种很有发展前途的热电偶
K型热电偶	最常用的热电偶类型,可提供极宽的工作温度范围。由于其采用镍基合金制成,具有良好的耐腐蚀性,适用于大多数工作环境
E型热电偶	热电动势极大,灵敏度属所有热电偶之最,特别适用于对温度进行精确采集,宜用于湿度较低的环境
J型热电偶	仅次于E型热电偶,其每1℃的电动势较大,分辨率优良,价格低于E型热电偶。可用于真空、氧化、还原和惰性气氛中,但其正极铁在高温下氧化较快,使用温度受到一定限制
T型热电偶	一种最佳的测量低温的廉金属热电偶,低温区域(-200~+300℃)下电动势特性优异,用于精确测量低温区域

(2) 热电偶的基本定律

① 均质导体定律：

在由同种均质的导体材料两端焊接组成的闭合回路中，无论材料的长度和温度分布如何，在该回路中都不会产生热电势。而如果是由两种均匀材质的导体组成的闭合回路，回路的总热电势仅取决于接点处的温度，可以根据热电势得出两接点的温度差。该定律是热电偶传感器自身精度的保证和评估条件。

② 中间导体定律：

在导体 A、B 组成的热电偶回路中引入中间导体 C，在保证导体 C 两端温度相同的前提下，中间导体 C 的引入对热电偶回路的总电动势没有影响。在测量热电偶的输出热电势时，引入的同质引线不会影响热电偶的输出热电势大小，热电偶采集中开路测量就基于此原理。

③ 中间温度定律：

根据热电偶回路的电势分布理论可以得到热电偶 A、B 两端温度 t 和 t_0 之间总的电动势：

$$E_{AB}(t,t_0) = \frac{k}{e} \int_{t_0}^{t} \ln \frac{N_A}{N_B} dt \tag{4-48}$$

式中　　k——玻尔兹曼常数，$k \approx 1.38 \times 10^{-23}$ J/K；

e——元电荷，$e \approx 1.602 \times 10^{-19}$ C；

N_A——导体 A 在温度 t_0 到 t 时间内的电子密度；

N_B——导体 B 在温度 t_0 到 t 时间内的电子密度。

若热电偶类型确定，则 N_A 和 N_B 为常数，式(4-48)成了在 t 和 t_0 的微分函数，可写成

$$E_{AB}(t,t_0) = f(t) - f(t_0) = E_{AB}(t,0) - E_{AB}(t_0,0) \tag{4-49}$$

根据式(4-49)可以推导出热电偶传感器使用的中间温度定律：

$$E_{AB}(t,0) = E_{AB}(t,t_0) + E_{AB}(t_0,0) \tag{4-50}$$

根据中间温度定律公式，可以得到：被测点温度可以转换成冷热端温度差的电势差加上冷端温度相对于 0℃ 的电势差。

基于塞贝克效应，在一端插入电位计 E（电位计需要和连接热电偶处的温度一致），通过电位计测出两端电势差。T_1 为需要测量温度的一端（又称热端）的温度；T_0 为电位计测量端（又称冷端）的温度。在得到 T_1 处相对于 T_0 的电势差后，将 T_1 和 T_0 分别代入式(4-50)中的 t 和 t_0，便可求得 T_1 处的温度，这便是热电偶传感器测量温度的基本原理。

④ 参考电极定律：

如果已知两种导体 A、B 分别与第三种导体 C 组成的热电偶的电动势，则可以根据式(4-51)求出这两种导体组成的热电偶的电动势：

$$E_{AB}(T_1,T_2) = E_{AC}(T_1,T_2) - E_{BC}(T_1,T_2) \tag{4-51}$$

4.2.2.2 热敏材料

热敏材料是吸收辐射后温度产生变化,并导致某一物理性质发生变化的材料。而常见的热敏探测器主要依靠热敏电阻制成,与普通电阻的差异在于二者的电阻温度系数不同:热敏电阻对温度的变化特别敏感,当温度发生微小变化时,电阻率会发生较大改变。其根据温度与电阻率的关系分类,可分为正温度系数热敏电阻、负温度系数热敏电阻和临界温度热敏电阻三类。

(1) 正温度系数热敏电阻

正温度系数(PTC)热敏电阻具有电阻值随温度升高而增大的特性,一般包括有机高分子基 PTC 材料、陶瓷基 PTC 材料、V_2O_3 系 PTC 材料和 $BaTiO_3$ 基 PTC 材料。

高分子基 PTC 材料的基体为半晶化或非晶态的聚合物,导电颗粒主要是碳、硼或硅的化合物。导电颗粒均匀地分散在基体中,形成较好的导电网络,从而使得材料在室温下半导化。其 PTC 效应形成,主要因为温度升高时,基体材料发生膨胀,使得导电网络发生断裂,从而电阻升高。其缺点在于高温时会出现较大的负温度系数特征。

陶瓷基 PTC 材料主要以陶瓷(SiO_2 等)为基体材料,导电颗粒均匀分散在基体中。其 PTC 效应产生的原理与高分子基 PTC 材料相似:随着温度的升高,基体材料发生相变,会产生体积变化,从而将导电颗粒分隔,使电阻增大。但是此类材料的升阻比较小,没有得到广泛的应用。

V_2O_3 系 PTC 材料:随着温度的升高,材料发生金属-绝缘体的相变,由于金属电阻比较低,而绝缘体的电阻很高,因而最大电阻与最小电阻的比值较大,即具有一定的升阻比。但是该类材料的升阻比仍然不能够满足广泛使用的要求。

$BaTiO_3$ 基 PTC 材料主要以 $BaTiO_3$ 为基体。$BaTiO_3$ 中存在大量晶界,晶界会对定向迁移的载流子产生强烈散射,可将晶界看成一个势垒。在低温状态下,由于半导体化 $BaTiO_3$ 内电场的作用,载流子容易越过晶界形成的势垒,不容易被散射,载流子迁移率高,电阻率较小。而当温度升高至居里温度后,由于发生铁电-顺电相变,半导体化 $BaTiO_3$ 的内电场被破坏,载流子很难越过晶界形成的势垒,载流子迁移率减小,电阻率急剧增大,从而达到限流作用,对电路的元件起到保护作用,当过流现象消失后,PTC 器件冷却到室温,又成为低电阻元件。$BaTiO_3$ 晶体价带顶由氧的 2p 能级构成,导带底由钛离子的外层电子能级构成,其禁带宽度 E_g 在 2.9~3.3eV 之间。因此,在通常情况下,$BaTiO_3$ 陶瓷是绝缘体。为使绝缘体转化为 N 型半导体,通常采用强制还原半导化和施主掺杂半导化,在导带底以下形成附加施主能级,使 $BaTiO_3$ 成为半导体材料。

由于正温度系数热敏电阻陶瓷材料具有温度敏感性佳、节能、可控和安全等优点,以及特有的限流和热敏等自动控制功能,已被广泛应用于航天航空材料制备、汽车制造、彩电消磁、温度控制、电路保护等各个方面。然而目前已经报道的 PTC 材料尚存在着居里温度普遍较高(一般大于 60℃)的问题,对室温居里温度的 PTC 材料的研究还比较缺乏。在一些报道中,PTC 材料的居里温度虽然已降低至室温范围内,但具有较弱的 PTC 效应以及高室温电阻率,无法满足航天器内电子设备等热控需求。因此,研究具有高 PTC 效应的室温居里温度材料对研制 PTC 元件、提高系统与设备的热控水平具有十分重要的科学意义。

(2) 负温度系数热敏电阻

负温度系数（NTC）热敏电阻是以尖晶石结构（AB_2O_4）为主的半导体功能陶瓷，具有电阻值随着温度升高而减小的特性。

大部分半导体由于电子在导带中运动或空穴在价带中运动而导电，符合能带理论。按照这一理论，过渡族金属氧化物导带由未充满的 d 轨道所组成，因此也应该能导电。但事实并非如此，单一的过渡族金属氧化物如 Mn_3O_4 是绝缘体。英国科学家莫特因此提出窄带理论，即当原子间距变大时能带变窄，电子不能在导带中运动，过渡族金属氧化物由于掺杂、缺陷等发生结构变化时才可能导电。进一步研究发现，尖晶石结构的 NTC 热敏电阻并不是由于载流子在能带中运动而导电，其本质来源于能带间的电子交换，即阳离子的变价过程，主要发生在过渡金属 3d 电子层。这些金属阳离子处于能量等效的结晶学位置处，虽然价态不同，但当具有相同晶格能的离子相距很近时，产生隧道效应并导致电子之间的交换。而在尖晶石结构中，不同位置间的键长也有所不同，其中 B—B 位的键长在所有位置间是最短的，因此该位置处的电子轨道极易重叠，使得电子之间更易发生交换，这些电子交换引起的载流子在电场作用下会沿着电场方向迁移，从而产生电导，这便是被广泛认可的"电子跳跃式导电机理"。电子跳跃与温度相关：温度低时，由于能量相对较低，电子跳跃相对不活跃，所以电阻值较高；随温度不断升高，受到外部能量激发增多，电子发生大量跳跃，所以电阻值降低。

NTC 热敏陶瓷材料的制备流程包括粉体制备、坯体成型与烧结致密化。制备优质的 NTC 热敏陶瓷粉末是最终实现工业化应用的重要前提，也是诸多学者的研究重点。常用的粉体制备方法包括固相法、水热反应法、溶胶-凝胶法及共沉淀法等。陶瓷粉末的制备工艺会影响粉末的微观结构及最终性能。

NTC 热敏电阻按照不同的使用范围可分为低温（$-130 \sim 0℃$）、常温（$-50 \sim 350℃$）及高温（$>300℃$）三种类型。其中，低温型 NTC 热敏电阻主要由两种及以上的过渡金属氧化物（如 MnO_2、Co_2O_3、NiO、CuO 和 Fe_2O_3 等）组成，材料晶体结构为尖晶石型，主要用于在 $-55℃$ 以下对仪器的工作环境温度进行测量和控制。常温型 NTC 热敏电阻主要由含 Mn 的过渡金属氧化物的三元系（Mn-Ni-O、Mn-Co-O）、四元系（Mn-Ni-Cu-O）构成，主要用于 $55 \sim 300℃$ 间，对家用电器的工作环境温度进行检测与控制。高温型 NTC 热敏电阻主要由 MgO 和 Al_2O_3 等耐高温氧化物所构成，是以尖晶石结构为基体的多元系统，主要用于在 $300℃$ 以上对于飞行系统等高温工作设备的温度测量与控制。

NTC 热敏电阻由于自身具备灵敏度高、可靠性强、互换性好等的优势，而被广泛地使用在家用电器、工业及航空设备等方面，在电路中起到温度补偿、温度检测、抑制浪涌电流的作用。

(3) 临界温度热敏电阻

临界温度热敏电阻（CTR）是 NTC 热敏电阻中的一种特例。在某一温度附近，其阻值随着温度的升高急剧减小，其电阻温度系数是一个绝对值很大的负值。CTR 热敏电阻一般是 Ba、V、Sr、P 等元素氧化物的混合烧结体，是一种半导体，其阻值变化的临界温度与材料的掺杂状况有关。CTR 不能像普通 NTC 热敏电阻那样用于较宽范围的温度控制，只能在某一特定温区内使用。

4.2.2.3 热释电材料

与被广泛研究的热电材料相比，热释电材料在特定方面具有一定的优势。热电材料是通过塞贝克效应将温度梯度转换成电能的一种材料。热电能量的收集如果要达到高的转换效率，则需要施加大的温度梯度。为了达到高的优值，热电材料需要具备高电导率和低热导率，然而二者很难同时满足，这成为热电材料固有的局限性。热释电材料则是利用温度随时间的波动，将热能转换为电能。与热电材料相比，热释电材料对材料和外部介质之间的热交换的依赖相对较小，同时也不需要特定的装置来保持温度梯度。热释电探测器是基于热释电效应原理进行工作的。热释电探测器的能量转换过程可以分为三个阶段：

第一个阶段是热释电材料吸收辐射的能量，将热量的变化转化为温度的变化，即热转换过程；

第二个阶段是利用热释电效应将温度的变化转化为电流的变化，即热电转化过程；

第三个阶段是将电流的变化转化为容易探测的电压信号的变化，然后经过放大器，就可以观察到较为明显的电压变化。

热释电探测器在 20 世纪 70 年代飞速发展，其无论在几赫兹的低频还是在太赫兹的高频都有极高的检测性能。近几十年来，人们对热释电探测器的研究日益深入，热释电理论逐步完善，热释电材料在不同领域发挥作用。为了满足各种应用需求，越来越多的热释电材料被设计，结构和性能都非常多样化。最早实用的热释电材料是硫酸三甘肽（TGS）类晶体。TGS 晶体具有热释电系数大、介电常数小、光谱响应范围宽、响应灵敏度高和容易从水溶液中培育出高质量的单晶等优点。但其居里温度较低，易退极化，且能溶于水，制成的器件必须适当密封。在过去的几十年中，最主要的热释电材料通常是基于锆钛酸铅（PZT）的陶瓷，其由于出色的热释电性能及合适的居里温度而备受关注。然而铅基材料具有一定毒性，如果回收利用不当，会对环境造成极大污染，所以新型的、无污染的、可替代铅基 PZT 的热释电材料成为研究重点。有机聚合物材料居里温度较高、介电常数小、价格便宜，且由于其可弯曲和可延展的性能，有望在生物柔性传感器领域得到广泛的应用，但其非常低的热释电系数使其难以获得较高的灵敏度。以钽酸锂（$LiTaO_3$）和铌酸锂（$LiNbO_3$）为代表的单晶材料由于其出色的稳定性和光学、电学性能而受到越来越多的重视，下面将对二者进行详细介绍。

(1) $LiTaO_3$ 单晶材料

$LiTaO_3$ 热释电红外探测器的性能与 $LiTaO_3$ 的结构密切相关。$LiTaO_3$ 属于钙钛矿材料的一种，晶格类型为 ABO_3，具有六角晶胞结构。$LiTaO_3$ 是 3R 晶系，该晶系中每层含有氧原子，按六角密堆积排列；Li^+、Ta^{5+} 占据氧原子层间的 2/3 的八面体间隙，Ta^{5+} 与 Li^+ 相对于中心位置的偏移造成了其自发极化现象的产生。

当 $LiTaO_3$ 受到调制的红外辐射时，红外辐射产生的能量被 $LiTaO_3$ 晶体吸收，使其内部温度发生改变；温度的变化导致 Ta^{5+} 和 Li^+ 相对于中心位置的偏移量发生改变，从而使晶体的电偶极矩发生改变，为保持表面电中性，$LiTaO_3$ 晶体表面会释放出吸附的电荷，产生热释电效应。$LiTaO_3$ 晶体的居里温度根据材料样品不同而有微小的偏差，一般为 880～930K。在相变温度下，$LiTaO_3$ 晶体都处于铁电相，具有热释电效应，顺电相时则没有热释电效应。居里温度反映了其可以工作的最高温度及稳定能力，因此由 $LiTaO_3$ 晶体制作的红外探测器具有较宽的工作温度范围。在常温下，$LiTaO_3$ 晶体中阳离子与非极化位置之间的相对偏移较大，材料存在较大的自发极化，从而有较大的热释电系数。热释电系数越大则响应电流或电压越大，因此用 $LiTaO_3$ 制备的红外探测器可在常温条件下正常工作，不需要光子型红外探测器附加的昂贵而复杂的低温制冷系统，使得以 $LiTaO_3$ 红外探测器为核心的热释电探测器制造成本大大降低，扩大了其在民用领域的使用范围。

由于热释电探测器的性能会随着传感器元件薄膜厚度的减小而提升，因此，热释电 $LiTaO_3$ 薄膜的制备方法受到了国内外研究人员的广泛关注。其制备方法主要有溶胶-凝胶法、磁控溅射法、脉冲激光沉积法（PLD）、金属有机化学气相沉积法等。

$LiTaO_3$ 材料热释电系数大，居里温度高，介电损耗因子小，单位体积热容低，相对介电常数小，性能稳定，是良好的铁电、压电材料，且具有非线性光学的特性。因此，$LiTaO_3$ 逐渐成为通信、电子等领域使用的热门材料。

（2）$LiNbO_3$ 单晶材料

$LiNbO_3$ 材料在光电子器件方面应用广泛，其集铁电、热电、压电等效应于一体，具备高自发极化特性和良好的绝缘性，同时其带隙大且晶体质量高，所以缺陷密度极低。当 $LiNbO_3$ 晶体温度低于其本身的居里点 1483K 时，晶体中的 Li^+ 和 Nb^{5+} 将沿 c 轴产生一定的位移，从而导致了 c 轴的不对称性。晶体的正负离子不重合导致了晶体的自发极化，自发极化产生的空间电荷场会在表面吸引空气中的自由电荷进行电荷补偿，因此整个 $LiNbO_3$ 晶体呈现电中性。在外界条件改变使温度变化时，$LiNbO_3$ 内部自发极化也会产生变化。当温度降低时，Li^+ 和 Nb^{5+} 离子会向 $c+$ 面运动，自发极化强度增大，$c+$ 面将呈现 P 型，$c-$ 面将呈现 N 型；当温度上升时，则会呈现相反的过程，释放出 $LiNbO_3$ 表面的自由电荷。沿 z 方向 $LiNbO_3$ 上下面表面分别释放出空穴或电子，此时如果在 $LiNbO_3$ 上镀上电极接通进行测试，则可以测到电流信号。

与 $LiTaO_3$ 薄膜的制备方法类似，目前制备 $LiNbO_3$ 薄膜也常采用脉冲激光沉积法、溶胶-凝胶法、射频磁控溅射法和化学气相沉积法。

4.3 无机光子探测材料的应用

光子探测器是一种能够直接探测到光子（光的最小单元）的器件，它可以将探测或者接收到的光信号直接转化为可读取到的电信号。光子探测器接收到的光子可以被用来传递各种各样的信息，因此光子探测器在量子保密通信、激光雷达、无人驾驶、三维成像、微弱信号检测等领域具有重要的应用。

4.3.1 图像记录与传感

图像传感器，或称感光元件，是一种将光学图像信息转换成电信号的设备，它们在数码相机、智能手机、监控摄像头以及其他多种电子光学设备中发挥着关键作用。这些传感器的工作原理是通过感光元件捕捉光信号，然后将其转换为电信号，进而实现图像的数字化。

视觉是人类获取外界信息的重要途径。据研究，在人类对外部世界感知的信息中，80%来自人的视觉信息。随着科技的发展，机器视觉技术开始展现出其独特的优势，尤其是在记录、处理和分析视觉信息方面。机器视觉可以执行一些人类视觉难以完成的任务，比如在极端环境下工作或进行高速、高精度的图像分析。随着半导体技术水平的不断提高，图像传感器作为现在获取视觉信息的一种基础器件，因其能实现信息的获取、转换和视觉功能的扩展，而在现代社会生活中得到了越来越广泛的应用。

电荷耦合器件（charge-coupled device，CCD）和互补金属氧化物半导体（complementary metal oxide semiconductor，CMOS）器件是目前市场上广泛应用的两种图像传感器器件。图像传感器的像素结构决定了图像传感器的各项特性，测试标准都是基于这些特性制定的。从原理上讲，CCD图像传感器和CMOS图像传感器都是通过光电效应来实现光信号到电信号的转换和测量，它们的主要区别在于采用的半导体工艺的差别以及光生电荷的收集和读出方式不同，如图4-12所示。

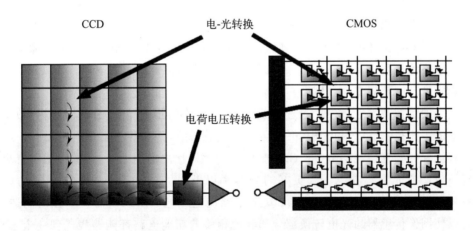

图 4-12 CCD 和 CMOS 的原理

CCD图像传感器的读出方式为串行读出，当某个像素位置的行地址和列地址被选中时，该像素点产生的光强信号将被输送到列总线上。在CCD发生光电转换后，光生电荷不直接被积累成电压进行放大，而是会保持电荷形式，在一系列的耦合栅内不断转移，直到转移到输出放大模块。因此在转移过程中任意一个像元的损坏，都会造成后续电荷转移过程中断。

CMOS图像传感器（CIS）是一种典型的固体成像传感器，即使用传统半导体工艺将感光器件、信号放大器、模数转换器、存储器、数字信号处理器和数字接口电路等集成在一块芯片上的图像传感器件。与CCD图像传感器不同的是，CMOS器件的每一个像素单元都具有独立的行地址和列地址。CMOS图像传感器在每一个像元内集成一个或多个放大器，光电效应产生的电子在每个像元内被放大。当前像素的光电信号从其产生到以数字量输出的过程中，不受其他像素影响。图像传感器内部结构决定了光电信号输出信号的各项特性。在实际应用中，通过分析输出的光电信号，可以推断出图像传感器内部的许多特性，如增益、噪声、不均匀性等。

CMOS 图像传感器诞生于 20 世纪 60 年代末期，然而当时集成电路设计工艺不完善，严重影响了图像传感器的成像质量。到目前为止，CMOS 图像传感器的结构设计和制造工艺已经十分成熟，但是 CMOS 图像传感器仍然不能避免随机噪声、热噪声等噪声。根据像素结构的差异，CMOS 器件大致可以分为两种类型，即无源像素传感器（CMOS PPS）和有源像素传感器（CMOS APS），它们的区别在于其像素结构中是否包含源放大器：有源像素传感器包含放大器，而无源像素传感器没有。采用有源放大器，传感器的读出噪声可以受到有效抑制，进而提高 APS 传感器的信噪比与动态范围。

有源像素组成像素阵列、时钟控制模块、行列读出通道、模拟放大电路和模数转换电路，这些电路模块整体构成了整个 CMOS 图像传感器的芯片电路，所有这些电路共同完成了系统的光电转换、模数转换、数字信号处理和系统控制，从 CIS 中出来的数据直接就是数字信号，可以方便地被后面的系统采集并应用，对于后续的图像数据处理十分有利。

早期 CMOS 工艺的不成熟导致了传感器应用中较大的噪声问题，进而影响了其商品化的速度。由于 CMOS 图像传感器与 90% 半导体器件在制造基本技术上相通，因此它能够迅速吸纳半导体生产线的新技术开发成果。近年来，随着半导体制造工艺的显著进步，CMOS 传感器的优势愈发凸显：结构简单、处理能力强、成品率高且成本低廉。这些因素共同推动了 CMOS 传感器在多个领域的广泛应用，涵盖数码相机、电脑摄像头、可视电话、视频会议、智能安保系统、汽车倒车雷达、机器视觉、车载电话、指纹识别、玩具以及工业生产、医疗等多个领域。

在当今的图像技术领域中，先进的 CMOS 图像传感器已经毫无疑义地成为数字图像信息采集的主流技术。CMOS 图像传感器能够取代 CCD 图像传感器原有的地位，不仅仅是由于其优异的物理性能参数——CMOS 图像传感器比之前的 CCD 图像传感器有更高的灵敏度、更广的光谱覆盖范围、更好的分辨率以及更大的动态范围，更主要的原因是 CMOS 图像传感器符合标准的 CMOS 集成电路制造工艺，所以不需要单独的制造工艺，从而可以使图像传感器的光电转换部分和其他相关的功能电路都能够集成到一个芯片上，使得整个系统的集成度大大提升。较之先前的 CCD 图像传感器，CMOS 图像传感器的模数转换可以直接在芯片内部完成，从而直接输出数字化的图像信息。

4.3.2 红外热成像

自然界中的一切物体，无论是北极冰川，还是火焰、人体，甚至极寒冷的宇宙深空，只要它们的温度高于绝对零度（约 -273 ℃），都会有红外辐射。通过非接触探测红外辐射能量（热量），并将其转换为电信号，进而在显示器上生成热图像和温度值的过程，被称为热成像，这种探测方法还可以对温度值进行计算。

红外热成像（infrared thermography，IRT）是一门致力于从非接触式测量设备中获取和处理热信息的科学。它基于红外辐射，这是一种电磁辐射，波长比可见光长。这种类型的辐射是人眼看不见的，因此，需要红外测量设备来获取和处理这一信息。红外测量装置获取物体发出的红外辐射，并将其转换为电子信号。最基本的红外设备是高温计，它使用一个传感器产生一个输出。大多数先进的设备包括传感器阵列，以产生详细的红外图像的场景。可见光图像与红外图像的区别在于：可见光图像是对场景的反射光的表征，而红外图像中，场景是光源，红外摄像机可以在没有可见光的情况下进行观测。利用红外摄像机获取的图像通过为每个红外能级分配颜色从而转换为可见图像。其结果是一种被称为热像图（热图像）的伪彩色图像。IRT与其他技术相比有很多优势。一般来说，IRT的主要优点如下：

① IRT是非接触式技术，所使用的器件与热源没有接触，即是非接触式温度计。通过这种方式，可以安全地测量极热物体或危险产品（如酸）的温度，使用户远离危险。

② 红外热成像提供二维热图像，使目标区域之间的比较成为可能。

③ 红外热成像是实时的，不仅可以对静止目标进行高速扫描，还可以对快速移动目标和快速变化的热图像进行采集。

④ 红外热成像没有X射线成像等技术的有害辐射影响。因此，它适合长期重复使用。

⑤ 红外热成像是一种非侵入性技术。因此，它不会以任何方式侵入或影响目标。

红外热成像的一个重要应用是无损检测（non-destructive test，NDT）。与传统的无损检测方法相比，红外热成像具有能够检测大面积并快速简便地提供直观检测结果的优点，其核心技术包括热激发和红外图像处理。它的基本原理如图4-13所示：被探测物的缺陷影响施加的热源的流动，该热源将以不同的速率被加热或冷却，导致物体表面产生温度差异（热对比度），进而由红外相机捕捉其不同的热辐射。当采集的信号较弱时，将数据处理技术应用于采集的数据，以改善结果，从而使缺陷检测成为可能。

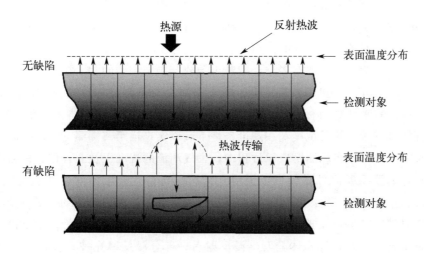

图4-13 红外热成像探测原理

目前，红外热成像无损检测技术的关键点主要有以下几个方面：

① 热波与缺陷材料相互作用的机理。热波成像的过程包括瞬态热波在被测物体中的传播、反射和散射，即热激发产生的瞬态热波与被测物体内部结构和界面相互作用。

② 红外热图像序列处理。由于多种因素的干扰，原始热图像中含有大量的噪声。特别

是对于深度大或尺寸小的缺陷，由于温差、幅差和相位差都很小，很容易淹没在噪声中。主要的红外图像处理和分析方法包括：红外图像非均匀性校正、增强、降噪分割等。这些方法一般都是针对单幅图像进行处理，可以在一定程度上提高信噪比和缺陷显示效果。

③ 缺陷的定量识别。该问题属于热传导反问题，主要是通过对热图像中无损和异常区域的温度、振幅和相位进行提取和处理，设定阈值并比较测试结果，最终定量检测缺陷的类型、大小和深度。

红外热成像无损检测技术，经过实验室阶段的深入探索，现已演变成一种广泛应用于工程领域的常规检测手段，充分满足了众多工程应用的需求。在医学、军事、工业检测、建筑诊断等领域，它能够帮助我们发现那些肉眼无法直接观察到的热异常或温度变化，从而进行更有效的诊断和监测。例如，在医学领域，热成像可以用来检测人体表面的温度分布，辅助诊断炎症或其他疾病；在工业领域，热成像可以用于设备的热效率检测和故障诊断。在诸多行业的故障诊断及产品寿命延长上，该技术更是起到了举足轻重的作用。

基于当前研究进展，此技术正朝着更高准确性、更强自动化、更深智能化、更优便携性以及更广泛标准化的方向迈进。其发展重点涵盖以下方面：一是由定性检测向定量检测的转型升级；二是热成像系统参数的日渐丰富，进而提升了测试精准度；三是信息处理方法的持续改进，有效缩减了误差范围；四是热加载方式的多样化及其便捷性和精确性的提高；五是对现场测试需求的更强适应性，催生了更多便携式系统的研发；六是借助人工智能技术的突破，逐步实现测试结果的自动辨识。

4.3.3 激光雷达

激光雷达是一种可以直接探测目标三维信息的系统，具有精度高、分辨率高、工作距离远等特点。相比于普通传感器，激光雷达探测目标的信息更加丰富、直观和实用，在人们日常生活中发挥着越来越重要的作用。

激光雷达实现测距的方法有多种，如基于振幅、频率调制的相干探测和基于飞行时间（time-of-flight，ToF）测量的直接探测。相干探测是通过测量本振光与目标漫反射信号光的相位、频率差来计算目标距离。当本振光够强，且信号光场与本振光满足波前匹配时，相干探测具有较高的灵敏度，在理论条件下可以实现远距离探测。优质光源是实现相干测量的重要条件。在实际测距成像过程中，大气湍流的扰动以及非合作目标粗糙的表面结构会严重影响漫反射信号光的直接探测。ToF 激光雷达通常由发射端和接收端组成。发射端主要包括激光器、主波探测器和光束扩束器等部分。当激光脉冲从激光器出射时，部分激光能量散射在主波探测器靶面并发生光电效应，产生电脉冲信号，记录该电脉冲的时刻 t_1。激光脉冲打在目标物体上发生漫反射后，部分漫反射光被系统物镜收集并汇聚到光电探测器靶面从而生成电脉冲，记录该电脉冲时刻为 t_2。测距过程中光脉冲的飞行时间为 $\Delta t=t_2-t_1$，目标到激光雷达的距离为 $L=c\Delta t/2$，c 是空气中的光速。在实现激光测距的基础上，使用激光雷达对目标进行二维扫描，可以获得视场内所有目标的距离信息，通过构建三维点云图可以再现目标的三维轮廓，实现激光雷达三维成像的功能。

激光雷达按照使用激光器的波长可以大致分为紫外、可见光和近红外三种激光雷达。由于大气对太阳光谱各波长的吸收系数不一致，地面附近各个波长的背景噪声水平也不同。大气中的臭氧层对紫外线具有强吸收作用，因此地表附近紫外波段的背景噪声极小，使紫外激光雷达可以全天候工作，实现日盲激光三维成像。然而大气中的粒子散射和水分子吸收使紫外激光在传输过程中能量衰减较大，限制了紫外激光雷达的工作距离。可见光波段的激光雷达发展最为广泛，以波长532nm激光为主，配合具有较高探测效率的Si探测器，可以实现超远距离成像。但是在地表附近的光谱曲线中，可见光波段的背景噪声最大，容易受到太阳光的干扰，通常需要在激光雷达接收端使用窄带滤光片抑制背景噪声，提高信噪比。可见光波段的激光雷达不具备隐蔽性，限制了其在军事领域的应用。此外，紫外和可见光波段的激光对人眼的损伤阈值较低，使用这两个波段的激光雷达时需要考虑对人和物的影响。近红外激光雷达可以很好地克服上述缺点，常见的近红外激光雷达主要为1064nm波长型和1550nm波长型。以1550nm波长型为例，该波长具有大气衰减小、人眼损伤阈值高、不可见等优势，可以实现超远距离成像。目前用于探测波长1550nm激光的探测器主要有InGaAs/InP探测器和超导纳米线单光子探测器（superconductiong nanowire single-photon detector，SNSPD）：InGaAs/InP探测器的探测效率较低；相对而言，SNSPD的探测效率更高，可以达到95％，但低温超导的使用条件苛刻，难以实现大规模应用。

激光雷达按照探测器的工作模式可以分为线性激光雷达和单光子雷达。目前大多数激光雷达产品的探测器都工作在线性模式，探测信号的幅度与回波光的强度相关，通过恒比定时甄别电路可以准确获得光飞行时间，减小因信号幅度变化引入的时间抖动，提高测距精度。线性激光雷达具备全波形探测能力，能有效识别多层目标的反射信息，已经应用于许多领域。单光子雷达中使用具备超灵敏特性的单光子探测器，该器件能够响应光子级别的微弱光，灵敏度相比于线性探测器提升了3个数量级。单光子雷达系统中激光的出射功率较低，能实现远距离成像，并且为激光工作时人眼安全提供可能。相比于线性激光雷达，在工作距离上单光子雷达优势明显，但需要有效抑制背景光，以免噪声过大，影响目标回波信号的提取。

激光雷达最初在气象监测中被广泛使用，主要功能包括识别云层形状、分析气溶胶和其他大气成分，从而辅助天气预测。随着技术发展，激光雷达的应用范围已经扩展到多个领域。在自动驾驶领域，激光雷达作为车辆的关键传感器，能够感知周围环境并规划行驶路线，有效减少因疲劳驾驶引发的事故。与传统的相机传感器相比，激光雷达能够直接提供目标的三维信息，无需复杂的数据处理，提高了工作效率和响应速度，为自动驾驶提供了重要的安全保障。在地形测绘方面，激光雷达以其高精度和高分辨率的测量能力，以及小巧的体积和低功耗，能够精确捕捉地形变化，如河口潮滩的微小变化，为地形地貌的时空演变研究提供了重要数据。此外，在森林资源管理中，激光雷达能够通过机载平台在不同季节获取详细的植被信息，包括树冠高度、灌木层和地表结构，极大地便利了林业资源的统计和管理。在军事领域，激光雷达有潜力弥补现有雷达系统的不足，识别远距离的小目标，增强对如无人机等潜在威胁的防御能力，从而增强国防安全。在机器视觉领域，激光雷达充当机器的"眼睛"，指导其精确操作。在城市三维建模中，激光雷达提供的精确三维点云数据有助于重建建筑物的三维轮廓，推动城市的信息化和数字化进程。

激光雷达的应用已经从军事防御扩展到日常生活的各个方面，如自动驾驶和机器视觉。发展具有更远探测距离、更高测量精度、更高分辨率和更快刷新率的激光雷达，对于推动相关技术的进步和应用具有重大意义。

4.3.4 深空激光通信

自古以来，人类对宇宙的好奇与探索欲望从未停歇。随着空间科学与航天技术的不断进步，我们的探索领域已经从近地空间拓展至月球、火星等深空领域。深空探测，作为对人类科技能力的极限挑战，不仅有助于揭开宇宙的神秘面纱，更为人类未来的生存和发展开辟了新道路。在这一伟大探索中，深空激光通信技术显得尤为重要，而光子探测技术则是其不可或缺的关键环节。

深空探测一般指对月球及更远天体的探索活动，它不仅对探索宇宙的起源与奥秘具有重要意义，更是一个国家科技实力与综合竞争力的体现。在深空探测过程中，及时与航天器进行指令信息交换，以及航天器将各类数据和状态信息实时传回地面站，都依赖于一个强大的深空测控系统。这一系统专门用于跟踪、测量、控制航天器，并进行信息交换。

然而，随着探测距离的延伸和数据传输量的增加，传统的微波通信方式已难以满足深空探测中高数据量的传输需求。以我国"天问一号"火星探测器为例，受限于通信链路的性能，大量高分辨率影像数据无法完整传回地球，这阻碍了科学家对火星的深入研究。

在此背景下，空间激光通信技术应运而生，并以其高速率、大容量、低功耗等显著优势，成为解决深空数据传输瓶颈的利器。相较于微波通信，激光通信的优势显而易见：通信速率更高，信息容量更大；激光发散角小，能量损失少，使得传输更高效；同时，激光通信还具备更强的抗干扰能力和优异的安全保密性。

值得强调的是，光子探测技术在深空激光通信中发挥着举足轻重的作用。作为激光信号接收的核心技术，光子探测技术能够精确捕捉微弱的光信号，并将其转换为可处理的电信号。其精确性和灵敏度直接关系到深空激光通信的稳定性和可靠性。尤其在深空探测中，由于通信距离极远，接收端的光功率会随距离的平方倍速衰减，因此，高灵敏度的光子探测技术显得尤为重要。

美国在空间激光通信领域的研究处于世界领先地位。从 20 世纪 60 年代中期开始，美国 NASA（国家航空航天局）就投入大量资源进行激光通信技术的研发，并开展了一系列具有里程碑意义的试验项目。这些实践经验验证了激光通信技术的可行性，并揭示了其在未来深空探测中的巨大潜力。

然而，深空激光通信仍面临诸多挑战，如超远通信距离带来的链路衰减、大气对光传输的影响以及背景光的干扰等。针对这些问题，研究人员正在不断探索和创新，如使用单光子探测器提高探测灵敏度、采用窄带滤光片和视场光阑控制背景噪声等方法。

此外，根据调制和检测方法的不同，可以将空间激光通信系统分为两大类：强度调制直接探测系统和相干探测系统。强度调制直接探测系统因其实现简便、成本低廉和可靠性高而受到青睐，而相干探测系统则因其更高的探测灵敏度和更大的通信容量而备受推崇。随着科技进步，越来越多的高速光通信链路开始采用相干通信技术。

对于深空光通信而言，接收端接收到的光子数量非常有限，这使得恢复光载波的相位和频率等信息变得极具挑战。在选择深空光通信系统时，一个关键的考虑因素是光子的利用效率，即如何使用尽可能少的光子来传输更多的比特信息。为了实现这一目标，通常需要采用高灵敏度的光子计数检测技术。

光子计数检测是一种利用单光子探测器进行高灵敏度检测的方法。每当探测器检测到一个光子，它就会生成一个电脉冲信号。图 4-14 展示了不同通信系统的光子利用效率，从中可以看出，采用光子计数通信技术时，其光子利用效率可以达到 0.2～0.5 个光子每比特的水平。

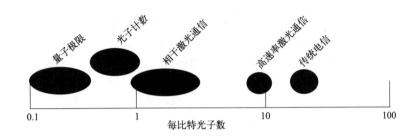

图 4-14 各种通信系统的光子利用效率

光子计数探测一般采用单光子探测器进行信号探测，其输出一般为一个个的脉冲信号，接收端根据脉冲计数恢复出原始信号。目前的单光子探测器主要有以下几种。

(1) 光电倍增管（photomultiplier tube，PMT）

光电倍增管的主要构成为光电阴极和倍增极，其工作原理基于外光电效应。光电阴极吸收光子并产生外光电效应，发射光电子，光电子在外电场的作用下被加速后打到倍增极并产生二次电子发射，二次电子又在电场的作用下被加速打到下一级倍增极从而产生更多的二次电子，随着倍增极的增加，二次电子的数目也得到倍增，最后由光电阳极接收并产生电流输出信号。当入射到光电阴极的光功率极其低时，光电阴极上产生的光电流不再是连续的，光电倍增管的输出端就有离散的数字脉冲信号输出。当有一个光子信号打到光电阴极上，会产生数个的光电子，这些光电子在电场的作用下，经过多级倍增，最终在输出端产生相应的电脉冲信号，电脉冲的数目与光子数成正比，对这些电脉冲进行计数就能够对入射光子数目进行估算。

受入射光子从光敏面撞出光电子的效率限制，PMT 的效率通常在 10%～40%。PMT 的其他特点是：感光面积较大，能达到数平方厘米；响应时间快，死时间和定时抖动较短；有能力分辨 1ns 间隔的光子；暗计数率也非常低，特别是当 PMT 制冷到几十摄氏度的时候。PMT 的主要缺点是依赖真空管技术，限制了寿命、可靠性和可扩展性。

(2) 雪崩光电二极管（avalanche photodiode，APD）

APD，尤其是工作在盖革模式下的 APD（GM-APD），在光通信和光检测领域中扮演着重要角色。在这种模式下，APD 的反偏电压超过了其击穿电压。当光子被 APD 吸收并产生电荷时，会发生雪崩效应，电荷数量在极短时间内迅速倍增直至达到饱和。这种饱和电流通常由外部电路来控制。

在 APD 响应新的光脉冲之前，必须将偏置电压降低至击穿电压以下，以终止雪崩过程中产生的饱和电流。盖革模式 APD 在可见光波段具有较高的探测效率，例如，硅基单光子雪崩二极管（SPAD）在可见光范围内的探测效率可以高达 85%。然而，在近红外波段，其效率通常只有 10%～20%，并且伴随着较高的暗计数率。为了降低暗计数率，SPAD 通常会被冷却至 210～250K。

APD 的增益介质中存在陷阱点，这些陷阱点在雪崩发生后需要一定时间来减少。如果陷阱点未能及时减少，第二次雪崩可能由陷阱点释放的载流子而非新到达的光子引起，这种现象被称为"后脉冲"效应。为了避免后脉冲效应，需要为 APD 设置额外的等待时间以恢复其正常工作状态。APD 的死时间，即从雪崩结束到设备能够再次响应的时间，通常在几十纳秒到 $10\mu s$ 之间变化。

（3）复合 PMT（hybrid photon detector，HPD）

HPD 包括 PMT 前端的光电阴极和 APD 放大级两部分。光子打到光电阴极发射光电子，光电子被外部电场加速，然后撞击 APD，产生电子-空穴对，触发雪崩过程，得到大的输出电脉冲。HPD 几乎没有后脉冲现象，具有分辨多个光子的能力，HPD 和 PMT 一样需在光电阴极上施加很高的方向电压。

总的来说，当前阵列探测器的成本高，商用产品少，超导纳米线探测器和光电倍增管由于功耗、体积及使用条件的限制，应用还不是特别广泛，仅在部分地面站有使用，不适合用于空间终端。而 GM-APD 各项参数优良，价格便宜，使用简单，性能稳定，且有很多商用的单光子计数模块可直接使用。目前也有很多使用盖革 APD 的在轨飞行器，如全球第一颗量子科学实验卫星"墨子号"中就使用了很多个基于盖革 APD 的单光子计数模块，在轨运行多年仍保持优异的探测性能。必要时还可以将单元的盖革 APD 组合形成阵列，使其具有光子数分辨能力，满足深空通信的要求。

4.3.5 激光非视域成像

激光非视域成像技术是利用地面、墙面和天花板等作为中介反射面，由激光发射器向中介反射面发射激光，激光经中介反射面反射后射向隐藏场景和目标，经隐藏场景和目标反射后回到中介反射面，再经中介反射面反射回探测器，由探测器采集经过三次反射后的光子信息并通过相应算法重建视域之外的目标的新兴成像技术。非视域成像技术既可以对目标进行成像以提供目标信息，又可使操作人员在距离障碍物较远的地方对目标进行绕角观察，扩大人眼和传统成像系统的视域范围，在深空探测、自动驾驶、医疗诊断、搜索救灾、反恐作战、历史考古等方面有着非常广阔的应用前景。

在非视域成像场景中，激光经过至少三次反射后衰减较大，幅度信息和相位信息都无法得到完全保留，因此非视域成像技术对激光发射器、成像环境和接收探测器要求非常高，同时由于采集到的信号非常微弱，由采集到的信号进行逆问题反推回隐藏目标难度较高，成像精度和成像分辨率难以得到保障。

随着科技的飞速发展，利用激光对目标的主动探测成像技术受到了科研人员的广泛关注，但是在该技术中由于激光器能量不足、探测距离远和散射衰减较大等因素，接收的回波光子信号强度非常微弱，往往只有数十个光子甚至单光子级别，因此需要特殊的探测器和探测手段才能对此类单光子级回波信号进行接收探测。在非视域成像技术中，由于来自隐藏目标物体的回波光子至少经过了三次漫反射，衰减非常大，因此在非视域成像中利用单光子探测成像技术进行隐藏目标重建具有一定的可行性。

在单光子检测成像技术领域，目标的检测和成像过程涉及两个关键信息：回波强度和距离。回波强度信息反映了目标在二维平面上的光场分布，用函数 $f(x,y)$ 表示。其中，x、y 代表三维空间中的水平和垂直坐标，f 则代表在不同空间点的强度值。这样，$f(x,y)$ 可以被理解为一张由众多像素点构成的目标二维图像。而距离信息则描述了目标在空间中的深度，即 $f(x,y)$ 中每个像素点对应的 z 坐标值。

通过结合二维图像 $f(x,y)$ 和每个像素点的深度值 z，可以实现对目标的三维重建。单光子检测成像的核心技术在于，利用激光器等发射源对目标进行扫描并发射光束，单光子探测器捕捉来自不同扫描点的回波光子数量。通过逆向计算，可以确定每个目标点的强度信息，从而构建出目标的二维图像。随后，结合光子的飞行时间和探测器的角位置，可以计算出每个目标点的距离信息，进而形成深度图像。最后，通过特定的算法处理二维图像和深度图像，完成目标的三维重建。与全局光照明和传统成像模式不同，瞬时成像定义了包含光子飞行时间信息的光传输模式。在该模式下，假设光速为有限的、具体的某一数值，因此光子不同的飞行时间决定了光子不同的飞行路程和相应的光子强度（光子数目），即每一个像素的值都是时间的函数。在非视域成像中，中介反射面上的激光扫描点位置不同，接收到的回波光子同样来自隐藏目标物体上的不同位置，因此将瞬时成像模式应用于非视域场景中能够更加准确地判断探测到的回波光子的来源，根据回波光子携带的距离和强度信息可以更加精确地反推出回波光子的整个飞行路径和飞行场景，进而通过相应反演算法更有效地对隐藏目标进行三维重建。

在图 4-15 中，整个光路是从激光器出发，到达中介反射面后反射到达隐藏目标，经隐藏目标反射到中介反射面后再次反射回到探测器处。在整个光路中，包含三次反射，假设整

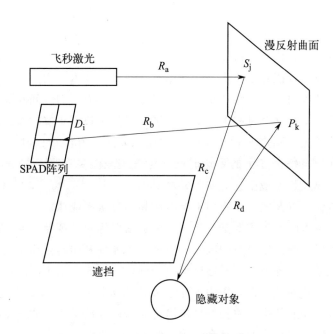

图 4-15 瞬时非视域成像光路图

图中 R_a、R_b、R_c、R_d 为距离，S_j、P_k 为曲面上的点

个成像系统中的物体（如中介反射面和隐藏目标等）均为朗伯体，因此每次反射均为漫反射，而且在隐藏空间中不存在任何遮挡，即光在隐藏空间中飞行时没有任何高阶反射。

将单光子探测技术和非视域成像技术相结合，建立基于这两项技术的成像模型以及对这种成像模型的求解方法，通过仿真进行验证并研究了相应的影响因素。在仿真中设置激光发射器为飞秒激光发射器，探测器为不同尺寸的单光子雪崩光电二极管（SPAD）阵列。飞秒激光发射器可以产生超短激光脉冲从而保证时间和空间分辨率。SPAD 阵列不仅可以探测非常快速且微弱的信号，而且具有集成度高、体积小、死时间短、功耗低和灵敏度高等优势，可以克服离散数字电路中寄生参数所造成的一些缺陷。同时，当隐藏目标尺寸较大时，若仅采用一个 SPAD，即在中介反射面上仅有一个相机聚焦点采集回波数据，无法全面地对隐藏目标各部分进行数据采集并重建。因此，当重建尺寸较大的隐藏目标时，需要针对隐藏目标的不同部分在中介反射面上放置不同的相机聚焦点，在每次完成对中介反射面的激光扫描后需要改变探测器位置重新进行激光扫描，不仅造成资源的大量浪费，也会耗时较多。因此采用 SPAD 阵列能够有效地针对大尺寸隐藏目标进行重建，在提高数据采集效率的同时，重建精度和质量也能得到有效的保证。通过采用 SPAD 阵列和时间相关光子计数器，将携带光子飞行时间信息的光强转换为携带光子飞行时间信息的光子数，来实现隐藏目标物体的瞬时成像。该方法可降低实验成本，探测尺寸较大的隐藏目标，扩展非视域成像范围，加速非视域成像过程中的数据采集速率并提高隐藏目标物体的重建分辨率。

4.3.6 光信息感知

光子探测技术在光信息感知中确实扮演着至关重要的角色，它是多个领域如弱光探测、激光雷达、光谱分析以及量子光学等广泛应用的基础。通过对光子的多个自由度，包括强度、波长、频率、偏振等信息进行精确探测，为上述领域提供了强有力的技术支持。

光子强度测量技术基于光电效应和光子统计性质，通过测量单位时间内到达探测器的光子数（即光电流）来量化光强信息，反映光的能量分布和光子统计行为。在激光测距领域，光子强度测量技术发挥着至关重要的作用。激光测距技术利用激光束的直线传播和高方向性特点，通过精确测量激光脉冲从发射到目标反射再返回的时间间隔，来计算目标与测距设备之间的距离。在这个过程中，光子强度测量技术被用于实时监测激光脉冲的强度变化。单光子测量是光子强度测量技术的一种极致应用，专注于检测单个光子的到达事件，能精确探测并记录每个光子的到达时间、位置甚至能量信息，在量子通信、量子计算、高精度光谱分析及超灵敏生物成像等领域具有广泛应用前景，如实现量子密钥分发、量子隐形传态等协议，以及实现细胞内部结构的超高分辨率成像。

光子波长测量技术的原理主要基于光的干涉、衍射等光学现象。通过利用干涉仪、光栅等光学仪器，可以精确测量光波的波长。例如，干涉仪利用两束相干光波的干涉条纹间距与波长之间的关系来计算波长；光栅则通过光的衍射效应，使不同波长的光在空间上分散开来，从而进行波长测量。在应用中，光子波长测量技术广泛涉及光通信、光谱分析、材料科学等领域。在光通信中，波长的精确测量对于确保信号传输质量至关重要；光谱分析则依赖波长测量来识别物质的成分和结构。特别地，光纤光栅应变传感是光子波长测量技术应用的一个重要方面。光纤光栅应变传感器利用光纤中的光栅结构。在外力作用下，光栅的周期性折射率变化导致反射光的波长发生偏移。通过测量这一波长偏移量，可以精确感知外界应变的变化。光纤光栅应变传感器具有灵敏度高、分辨率高、抗干扰能力强等优点,被广泛应用于桥梁、建筑、航空航天等领域的结构健康监测中。

光子频率测量技术主要依赖光学与量子物理学的结合。通过测量光子的光周期或利用干涉、衍射等光学现象,可以间接计算出光子的频率。在更精确的实验中,会采用频率链技术,将标准频率源(如铯原子钟)逐级倍频至光频范围,然后利用差频计数法来测定光子的具体频率。光子频率测量技术在多个领域有广泛应用。在光通信中,光子的频率决定了信息的传输速率和带宽;在光谱学中,通过分析不同物质对光的吸收和发射频率,可以识别物质的成分和结构;在量子计算中,光子的频率特性是实现量子比特操控和量子纠缠的关键。特别地,多普勒频移效应是光子频率测量技术的一个重要应用实例。当光源与观察者之间有相对运动时,观察者接收到的光子频率会发生变化,即多普勒频移。通过测量多普勒频移,可以计算出光源或观察者的相对运动速度,这在天文学、雷达测速、卫星通信等领域具有重要应用价值。例如,在天文学中,通过分析遥远星系发出的光谱线频率偏移,可以推断出星系的运动速度和方向;在雷达测速中,通过测量反射波的多普勒频移,可以准确计算出目标的运动速度。

光子偏振测量技术的原理基于光的偏振特性,即光波中电场或磁场向量的振动方向在特定平面内的规律性。通过偏振片、波片、偏振仪等光学元件,可以检测和分析光波的偏振状态。偏振片只允许沿特定方向振动的光通过,波片则能改变光的偏振方向或将其转换为不同的偏振状态,而偏振仪则能全面测量光的偏振参数。光子偏振测量技术在多个领域有广泛应用。在光学成像中,通过偏振分析可以提高图像的对比度和清晰度,增强对目标物的识别能力;在光学通信中,偏振调制技术可以提高信号的传输容量和抗干扰能力;在材料科学中,偏振测量可用于分析材料的晶体结构和光学性质。典型应用如液晶显示技术,它利用液晶分子的偏振调制特性来实现图像的显示。液晶分子在外加电场的作用下,会改变其排列方式,从而调控通过液晶层的光的偏振状态,配合偏振片和彩色滤光片,就能显示出丰富多彩的图像。此外,在生物医学领域,偏振光成像技术也被用于观察生物组织的微细结构和功能变化,为疾病的早期诊断和治疗提供了有力工具。

习 题

4.1 有一被用来作为温度传感器的铁-康铜热电偶,其测量范围为 $0\sim300℃$,已知 $E_{300,0}=16327\mu V$,$E_{200,0}=10779\mu V$,$E_{100,0}=5269\mu V$,$E_{0,0}=0\mu V$。设 T 为被测温度,若在 $100\sim300℃$ 之间的热电偶电动势满足方程 $E_{T,0}=a_1T+a_2T^2$,计算 a_1 和 a_2 的值;在 $20℃$ 下,热电偶相对于参考节点的电动势为 $12500\mu V$,并且此时对应的参考节点电路电压为 $1000\mu V$,使用前述问题中的结果估算被测量的节点温度。

4.2 简述基于光电效应与光热效应的探测器有什么异同。

4.3 光电阴极材料一般具有什么特征?为什么?

4.4 简述 CCD 的工作原理。

4.5 请调研一种光敏电阻器件,并说明它可以应用在哪里。

4.6 查阅资料,探究如何利用光子探测技术获取其他维度的光信息,如光的偏振、相位等。

习题答案

5 无机光子调变材料

随着激光技术的发展，人类已经可以实现超高功率激光输出，其所对应的电场强度远超材料内部原子/离子间的电场强度，足以诱导材料的非线性极化并带来奇特的光场调制效果。1961 年，美国物理学家弗兰肯通过激光照射石英的方式观察到了非线性倍频上转换现象，首次实现了基于非线性光学效应的光子频率调变。自此，科学家研制了一系列非线性无机光子调变材料，并实现了基于不同阶数非线性效应的光子调变效果。

在本章中将着重分析二阶和三阶非线性效应所带来的光场调制效果以及要实现二阶和三阶非线性效应对材料的需求，并介绍基于非线性光学效应的新型无机光子调变材料类型及特点，以及这类材料在前沿领域中的应用。

5.1 非线性光学效应

5.1.1 二阶非线性效应

二阶非线性效应所带来的光场调制效果主要为频率转换效应。当两个频率为 ω_1 和 ω_2 的光子经过二阶非线性过程时可以产生新的频率分量：$\omega_1+\omega_2$ 以及 $\omega_1-\omega_2$。根据两个光子频率是否相同，具体可分为倍频以及和频/差频效应。

5.1.1.1 倍频效应

若 ω_1 和 ω_2 相等，即两个光子频率同为 ω，经由二阶非线性效应后产生频率为 2ω 的光子（即两个波长为 2λ 的光子变换为波长为 λ 的光子）的过程称为倍频过程。倍频过程也是最简单的二阶非线性过程。

对于这种基于二阶非线性倍频转换效应，转换的倍频光的强度 $I_{2\omega}$ 满足如下的关系：

$$I_{2\omega} \propto I_{\omega}^2 [\chi^{(2)}]^2 L^2 \mathrm{sinc}^2 \left(\frac{L\Delta k}{2}\right) \tag{5-1}$$

式中 I_{ω} ——基频光的强度；

$\chi^{(2)}$ ——材料的二阶非线性系数；

L ——材料的长度；

Δk——基频光和倍频光之间的相位失配量,其矢量形式可以根据以下关系计算:

$$\Delta k = \boldsymbol{k_\omega} + \boldsymbol{k_\omega} - \boldsymbol{k_{2\omega}} = \frac{2\pi}{\lambda_\omega}(\boldsymbol{n_\omega} + \boldsymbol{n_\omega} - 2\boldsymbol{n_{2\omega}}) \tag{5-2}$$

式中 $\boldsymbol{n_\omega}$、$\boldsymbol{n_{2\omega}}$——材料在基频光和倍频光波长处的折射率与对应波矢的单位矢量的乘积;
λ_ω——基频光的波长。

根据上述关系可知,要获得高效的倍频转换材料需要满足以下条件:

① 高二阶非线性系数。二阶非线性系数与材料的本征结构对称性密切相关。凡是具有中心对称结构的材料(如:理想的玻璃和点群为 $\bar{1}$、$2/m$、$\bar{3}$、$4/m$、$6/m$、mmm、$\bar{3}m$、$4/mmm$、$6/mmm$、$m\bar{3}$、$m\bar{3}m$ 的晶体),其二阶非线性系数为零,不能用于非线性倍频效应。而中心对称破缺结构材料都有非零的二阶非线性系数,均能用于产生二阶非线性效应,但为了获得高二阶非线性转换效率,通常还需要包含高非线性活性单元,如:$[NbO_6]$、$[BO_3]$、$[AsS_3]$ 等。

② 相位匹配管理。相位匹配管理实际是光波的动量管理,只有当光波转换前后的动量守恒时才能实现高效的非线性转换。由于材料天然具有色散,在一般情况下,$\Delta k \neq 0$,倍频转换过程是相位失配的。如图 5-1 所示,在相位失配的情况下,产生的倍频光的强度不随非线性介质的长度增长而持续增加,而是以长度 $2l_c = 4\pi/|\Delta k|$ 为周期振荡,制约了倍频的转换效率。

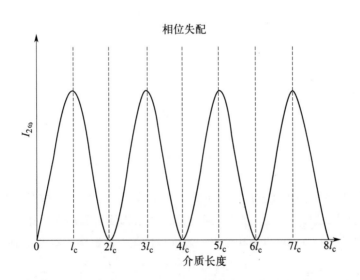

图 5-1 相位失配情况下,倍频光强度随非线性介质长度变化

为了解决相位失配带来的倍频光振荡问题,主要有色散管理和畴结构调控两种方式。

① 晶体色散管理主要通过调控非线性双折射色散来实现。以负单轴晶体材料为例,对于同一波长的光波,有

$$n_{o,\omega} > n_{e,\omega} \tag{5-3}$$

$$n_{o,2\omega} > n_{e,2\omega} \tag{5-4}$$

对于不同波长的光波,有

$$n_{o,2\omega} > n_{o,\omega} \tag{5-5}$$

$$n_{e,2\omega} > n_{e,\omega} \tag{5-6}$$

式中 $n_{o,\omega}$，$n_{o,2\omega}$——基频光和倍频光的 o 光折射率；

$n_{e,\omega}$，$n_{e,2\omega}$——基频光和倍频光的 e 光折射率。

对于有合适的双折射色散特性的材料体系，当选择合适基频光的波长、偏振状态以及入射角度时可以实现 $n_{e,2\omega}=n_{o,\omega}$，从而达到相位匹配的效果并实现高效的倍频转换（图 5-2）。这种通过双折射色散调控方式实现的相位匹配是严格意义上的"相位匹配"，因此，在非线性系数相同的情况下，通过双折射色散调控实现的相位匹配倍频过程效率最高。但是利用双折射效应进行相位匹配存在一定的局限性：

a. 双折射和色散关系是材料的本征特性，难以对双折射的色散特性进行精细调控；

b. 对于各向异性材料（如：非线性晶体材料），其非线性系数是张量，在限定基频光的波长、偏振状态和相对晶体的入射角度情况下不一定可以获得非线性系数张量中非线性系数的最大值。

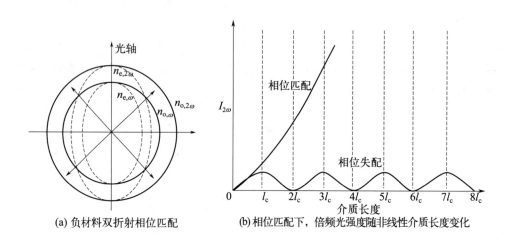

(a) 负材料双折射相位匹配　　(b) 相位匹配下，倍频光强度随非线性介质长度变化

图 5-2　相位匹配

② 通过畴结构调控则可能解决上述问题。在非线性光学领域，非线性系数的大小和取向都是一致的连续区域称为一个"畴"。通过操控畴结构使其做周期性排布，可得到类光子晶体结构。这种特殊的结构可以为相位失配过程提供额外的倒格矢 G 作为补偿，从而满足

$$\Delta k = k_\omega + k_\omega + G - k_{2\omega} = 0 \tag{5-7}$$

这种通过倒格矢补偿而实现"相位匹配"的方法，被称为准相位匹配。

以最简单的一维周期极化晶体为例。沿着晶体一维的方向，每隔长度 $l_c = 2\pi/|\Delta k|$ 周期性地翻转一次非线性系数的方向，可获得一维周期极化晶体。其带来的倍频转换效果如图 5-3 所示，由图可知，通过畴结构调控实现的准相位匹配的倍频转换效率介于双折射相位匹配和相位失配之间。这是由于"准相位匹配"并非严格意义上的"相位匹配"，不能达到理想情况下严格"相位匹配"时的倍频转换效率。但由于畴结构可以通过人工的方法进行调控，因此畴结构设计的自由度高。通过合理的畴结构设计，既可以利用各向异性材料非线性系数张量中的最大值，又可以达到接近严格"相位匹配"的效果，因此在实际应用中仍然可以实现高效的倍频转换。

但这种基于畴结构调控的方法也有局限性：

① 能够实现畴结构调控的体系有限。目前最高效的畴结构调控方法为电场极化法，只有具有铁电效应的晶体才能实现畴结构调控；同时为了避免畴结构调控过程中材料被电场直接击穿，材料应当具有高的击穿电压。但实际中仅有很少一部分的材料兼具铁电效应、高非线性系数、高击穿电压特性，因此能够实现畴结构调控的材料体系有限。

② 畴结构可调控尺度有限。对于相位失配过大的倍频过程，单个畴结构尺寸需要到亚微米甚至纳米量级，目前畴结构调控尺寸仍难以达到如此微小的尺度。

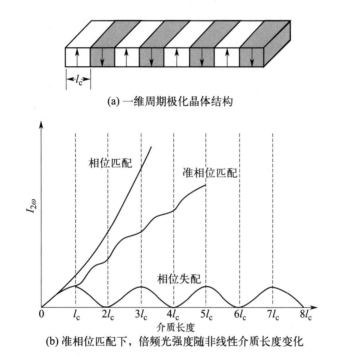

(a) 一维周期极化晶体结构

(b) 准相位匹配下，倍频光强度随非线性介质长度变化

图 5-3 一维周期极化晶体结构及其倍频转换效果

因此，基于双折射色散调控和基于畴结构调控两种实现相位匹配的方法优势互补，需要根据具体要实现的非线性过程和所选择的材料体系选取合适的方法。

5.1.1.2 和频、差频效应

倍频效应中两个基频光子频率 ω_1 和 ω_2 相同，因此，基于二阶非线性效应所产生的新的光子，其频率恰为原来的两倍。但当两个基频光子的波长（频率）不同时，即 $\omega_1 \neq \omega_2$，经过二阶非线性过程后产生的新光子的频率可以为 $\omega_1+\omega_2$、$\omega_1-\omega_2$，分别称为和频和差频过程。

实现和频和差频效应与实现倍频效应一样，都要求材料具有高的二阶非线性系数并进行相位匹配管理，在此处不再赘述。

5.1.2 三阶非线性效应

三阶非线性系数不要求材料具有非中心对称结构，因此所有的材料理论上都可以产生

三阶非线性效应（即使是无定型的玻璃材料）。三阶非线性效应主要有四波混频、非线性光散射（拉曼散射和布里渊散射）和非线性光吸收等。

5.1.2.1 四波混频效应

四波混频是指三个光子通过三阶非线性光学效应产生一个新光子的过程。相比于倍频、和频及差频效应中基频光只涉及两个光子，四波混频效应中三个基频光子之间可以产生更多的组合方式：

$$\omega_4 = \pm\omega_1 \pm \omega_2 \pm \omega_3 \tag{5-8}$$

与倍频效应类似，只有当材料具有高的三阶非线性系数且能够满足相位匹配条件时，才能实现高效的四波混频。三个基频光子之间组合方式多，一般情况下各个组合方式的相位匹配条件不能同时满足，因此相位失配量低的组合方式所对应的四波混频效果最好。

相比于块体材料，玻璃光纤中光波的色散特性具有更大的可调控维度，通过调控光纤的参数（如：光纤芯径、芯包比、芯包折射率对比度等）实现色散的调控，从而达到相位匹配的效果。

5.1.2.2 非线性光散射

在第1章中我们详细讨论了线性的光散射，其只会导致光传播的方向发生改变，但并不伴随着光波长的变化。相比于线性光散射，非线性光散射最显著的特征是会伴随新的光频率成分的产生。非线性光散射主要包括拉曼散射和布里渊散射。

拉曼散射和布里渊散射与光子-电子-声子相互作用有关。频率为ω_p的光入射到材料介质后引起材料内部电子的极化，相当于电子跃迁到了一个虚能级（虚能级并非实际存在的能级，因此对于任意波长均能诱导虚能级的"跃迁"）。如图5-4所示，这一"跃迁"到虚能级的光子将能量传递给一个能量为$\hbar\omega_v$的声子时，则产生频率分量为$\omega_p - \omega_v$的光子，这一光子称为斯托克斯光；这一"跃迁"到虚能级的光子吸收一个能量为$\hbar\omega_v$的声子时，则产生频率分量为$\omega_p + \omega_v$的光子，这一光子称为反斯托克斯光。其中，ω_v的大小取决于材料内部原子、分子的振动特性。拉曼散射过程中作用的为光学支声子，该声子的ω_v较大，因此所产生的斯托克斯和反斯托克斯光子频移量较大。布里渊散射过程中作用的为声学支声子，该声子的ω_v较小，因此所产生的斯托克斯和反斯托克斯光子频移量较小。

一般情况下非线性散射光的特性与荧光相似，散射光子不会沿着某一特定方向，且散射光子间也无固定相位差，这种情况下的非线性拉曼/布里渊散射过程称为自发拉曼/布里渊散射；但当入射光的能量超过一定阈值的时候，产生的非线性散射光子具有很强的时间和空间相干性，其性质非常类似激光，这种情况下的非线性拉曼/布里渊散射过程则被称为受激拉曼/布里渊散射。

5.1.2.3 非线性光吸收

在第1章中我们详细讨论了线性的光吸收。在线性光学的理论中，光吸收与电子的跃迁行为有关，单个光子的频率需要与材料系统中两个能级（或能带）间的能隙匹配，吸收才能发生。但在非线性光学中，两个光子的频率之和与材料系统中两个能级（或能带）间的能隙匹配时吸收也能发生，这一非线性吸收过程也被称为双光子吸收，如图5-5所示。光强越高,双光子吸收效应越明显。

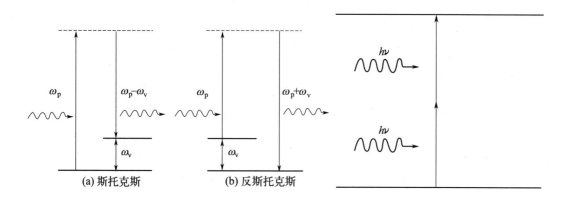

图 5-4 基于非线性光散射效应产生斯托克斯和反斯托克斯光转化

图 5-5 非线性双光子吸收

双光子吸收后电子跃迁到能量较高的上能级,因此根据电子在上能级的不同稳定性,双光子吸收可以表现出可饱和吸收和反饱和吸收两种特性。

电子在上能级稳定性较高时,表现出可饱和吸收的特性。可饱和吸收特性描述了材料的光吸收率随着光强的增大而降低的现象。在光强较强时,双光子吸收效应强,大量的基态电子被瞬间激发到上能级中;由于电子在上能级中的稳定性较高,上能级可以被全部占据,没有空余的能级去容纳新激发的电子,于是新的光子无法被进一步吸收,表现出吸收率变低。

相反,如果电子在上能级稳定性较低,则表现出反饱和吸收效应。反饱和吸收特性描述了材料的光吸收率随着光强的增大而增大的现象。上能级稳定性较低意味着处于上能级的电子可以在极短的时间内弛豫回到下能级,并始终可以为电子因光吸收而跃迁提供空的上能级,且由于双光子吸收是光强依赖的,光强越强则双光子吸收越强,从而表现出吸收率增加。

5.1.2.4 非线性光折射

在线性光学中,我们认为光的折射率是恒定的,但在非线性光学中,材料的折射率 n 由两部分构成:线性折射率 n_L 与非线性折射率 n_{NL}。即

$$n = n_L + n_{NL}(I) \tag{5-9}$$

式中,线性折射率与光强无关,非线性折射率与光强 I 相关。在高光强下,当光束强度在空间中分布不均时,就会导致空间折射率分布不均,引起光束的自聚焦或自散焦的现象。

5.2 非线性晶体

非线性晶体材料的发展与激光技术密切相关。1960 年梅曼制造出世界上第一台红宝石激光器后,1961 年弗兰肯将其产生的激光入射至石英晶体(α-SiO_2)中,产生了频率

两倍于入射激光的紫外光,首次发现了晶体的非线性效应。过去几十年间得益于晶体生长技术的快速发展,科学家已经能够合成出各种非线性晶体,并在频率转化(变频)、电光调制和光折变等领域实现了重要应用。

非线性晶体按成分和结构大致可分为磷酸盐晶体、硼酸盐晶体、铌酸盐晶体和一些其他的化合物。

(1) 磷酸盐晶体

最具代表性的磷酸盐非线性晶体为 $KTiOPO_4$ (KTP)。KTP 晶体最早由法国科学家马斯和格尼尔等于 1971 年用助溶剂法合成。法国科学家托德曼和马斯等在 1974 年测定了其结构。KTP 晶体在 (ab) 平面上的投影如图 5-6 所示。可以看出,KTP 晶体的骨架由 $[TiO_6]$ 和 $[PO_4]$ 交联而成,K^+ 处于网络的空隙中,因此 K^+ 很容易通过空位迁移。KTP 结构中的 $[TiO_6]$ 发生了严重畸变,$[TiO_6]$ 八面体内 Ti—O 键长并不严格等于正常键长 (2.05Å),而是长短键交替 (1.71Å 和 2.10Å),差值达到了 0.39Å,这些 Ti—O 键长短交替连接。

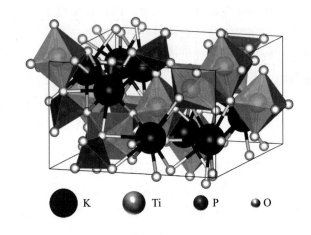

图 5-6 KTP 晶体结构

KTP 晶体特殊的结构使其表现出非常大的非线性光学系数。祖姆斯特格和比尔莱因等最早发现 KTP 晶体具有良好的非线性光学性能。另外,KTP 晶体还具有如下突出优点:走离角小,可接受角大;损伤阈值高,可用于中功率激光器;在室温下就能实现相位匹配;在 0.35~4.5μm 波长范围内透光性能良好;介电常数低,热导率高;化学稳定性优良;机械加工性能良好。种种优点使得 KTP 晶体广泛地用于科研和技术的各个领域。由于其军事意义重大(可用于激光对抗、制备基于激光的用于监视和情报收集的传感器等),美国曾禁止 KTP 晶体对我国的出口。

KTP 晶体常用的合成方法有水热法和熔盐法。

水热法是利用高温高压下部分晶体溶解度增大这一特点的一种晶体合成方法。水热法可以使在常压环境下微溶或不溶于水的物质,在高温高压的水溶液中溶解或反应,生成该物质的溶解产物,并达到一定的过饱和度从而使其结晶或生长。水热法合成 KTP 晶体的原料为 KH_2PO_4、K_2HPO_4 和 TiO_2。将原料置于电炉加热制成培养料,并将培养料置于高压釜底部温度较高的溶解区域。在高压釜上部悬挂籽晶，下方装填一定的矿化剂。由于高压釜上下存在温差，引发溶液对流，下方高温的饱和溶液被带到低温的籽晶部分形成过饱和溶液，促进籽晶生长。析出部分溶质的溶液重新流回下方，循环往复。

熔盐法（也称高温溶液法）是指高温下从熔融盐溶剂中生长晶体的方法。与水热法类似，熔盐法是将培养料溶解在远低于晶体熔点的助溶剂中，形成均一稳定的高温溶液，并通过其他的物化手段使其过饱和并析晶。目前，熔盐法制备KTP晶体的常用溶剂为磷酸钾盐体系。由于助溶剂的存在，晶体生长的环境不纯，可能会引起助溶剂离子掺杂进入KTP晶体的现象；并且，制备的晶体在宏观上可能存在缺陷，如开裂等。

这两种制备方法各有优劣，如水热法制备的KTP晶体光学均匀性较好，并且可以制备较大的晶体；但是水热法制备的KTP电导率较熔盐法低2~3个数量级，并且对设备要求较高、生长周期较长。

(2) 硼酸盐晶体

β-BaB_2O_4（BBO）晶体是一种典型的硼酸盐非线性光学晶体，是中国科学院福建物质结构研究所首次发现和研制的新型紫外倍频晶体。BaB_2O_4晶体具有两种结构：一种是高温α相，一种则是低温β相。$\alpha \rightarrow \beta$相的转变温度为（920±10）℃且过程不可逆。高温相具有对称中心，无二阶非线性效应；低温相（BBO）无对称中心，具有二阶非线性效应。BBO的结构如图5-7所示，具有Ba^{2+}和（$B_3O_6^{3-}$）环交错形成的层状阶梯式结构。BBO结构中Ba与配位的O间距离不相等，形成的配位体无任何对称要素存在，这种不对称分布改变了硼氧环的电子云密度，也是这种晶体具有倍频效应的根源。BBO具有较大的透光范围（0.19~3.5μm）、大的倍频系数和宽的相位匹配区间，是一类已经获得广泛应用的二阶非线性光学晶体。但是，BBO晶体的最小截止波长为189nm，限制了其在深紫外波段的应用。BBO晶体常用的合成方法有熔盐法和熔体提拉法。

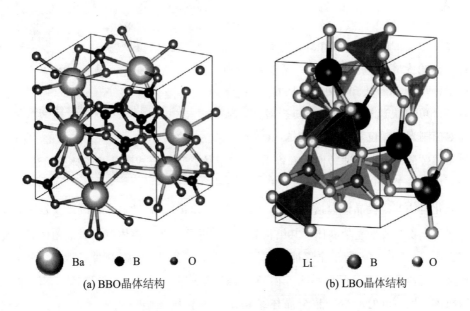

(a) BBO晶体结构　　(b) LBO晶体结构

图5-7　两种典型的硼酸盐晶体结构

LiB_3O_5（LBO）晶体是另一种硼酸盐非线性光学晶体，是中国科学院福建物质结构研究所首次发现和合成的紫外非线性光学晶体。LBO晶体结构中存在（B_3O_7）阴离子基团，Li分布在基团骨架空隙中。（B_3O_7）阴离子基团由一个［BO_4］四面体和两个［BO_3］三角形组成，具有四个环外氧原子，每个环外氧原子共用两个（B_3O_7）基团。在（B_3O_7）基团中，由于B原子的配位环境不同，其键长、键角发生了变化，甚至于本该相同的O—B—O键角都有所改变，如［BO_3］三角形中O—B—O的键角应严格等于120°，但其键角变成112.9°和124.9°。（B_3O_7）基团中键长、键角的畸变造成了晶体结构电子云的不对称，是LBO晶体拥有非线性光学性质的根源。LBO晶体具有宽透光波段、良好的紫外透光性、大允许角和小走离角等优异物化性能。但是，其倍频效率和有效非线性系数较低，折射率对温度敏感，因此需要严格控制工作温度。LBO晶体通常采用熔盐法合成。

（3）铌酸盐晶体

铌酸盐晶体包括$KNbO_3$、$LiNbO_3$（LN）等，其中LN晶体是极具代表性的铌酸盐非线性光学晶体，由相关研究者于1937年通过加热Li_2CO_3、Nb_2O_5、Li以及加热等摩尔比的Li_2CO_3和Nb_2O_5获得。LN晶体属于三方晶系，其结构如图5-8所示。LN晶体结构可以看成氧原子的近似六方最紧密堆积，形成两个歪斜八面体。在氧形成的歪斜八面体空隙中，1/3被Nb原子占据，1/3被Li原子占据，剩余的是空位。由于是近似六方最紧密堆积，形成的是畸变的八面体。LN晶体结构中形成的［LiO_6］和［NbO_6］八面体通过共边连接，［LiO_6］和［NbO_6］八面体均有所畸变，Li和Nb原子并不占据八面体中心位置而是有所偏移，因此晶体中产生偶极矩并自发极化，这是LN晶体具有非线性光学性质的结构根源。

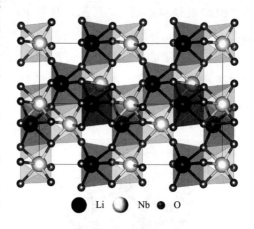

图5-8 LN晶体结构

LN晶体具有诸多优点：较大的非线性光学系数，能够实现非临界相位匹配；宽透光波段，能够有效传输大频率范围的光波；易于制备和机械加工，可制备形状和大小不同的器件；电光系数高，可以快速精准地改变其折射率，从而更好地控制光的相位和偏振。但是，LN晶体的损伤阈值较低，二次谐波转换效率较小。LN晶体常见的合成方法是熔体提拉法。

（4）磷族化合物晶体

磷族化合物非线性晶体包括$GdSiP_2$、$ZnGeP_2$（ZGP）和$CdSiP_2$等，其中ZGP晶体是典型的磷族化合物非线性光学晶体，其结构如图5-9所示。ZGP晶体可以看成由闪锌矿结构化合物演变而成：ZnS中S原子全部被P原子取代，一半Zn原子被Ge原子取代，然后ZnS沿着c轴重叠，就得到ZGP晶体结构。在ZGP晶体结构中，由于Ge^{4+}和Zn^{2+}离子的相互作用，四面体发生一定的畸变，整个晶体结构沿c轴轻微压缩，从而导致$c/a<2$，这就是ZGP晶体具有非线性光学现象的原因。ZGP晶体具有如下特性：大的非线性系数，宽的透

过波段，高热导率和激光损失阈值，稳定的物化性能和良好的加工性能。ZGP 晶体可用于获得高功率中红外激光的输出，但由于其在 2μm 波段以下存在强的缺陷吸收，限制了其在近红外方面的应用。

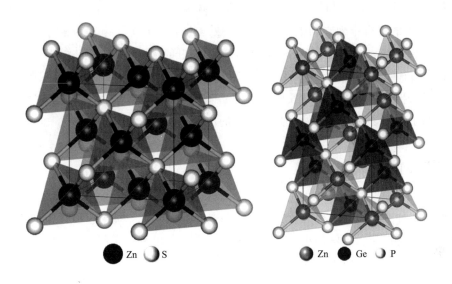

图 5-9 立方 ZnS 和 ZGP 晶体结构

(5) 硼铍酸盐晶体

硼铍酸盐晶体包括 $Na_2CsBe_6B_5O_{15}$、$KBe_2BO_3F_2$（KBBF）和 $ABe_2B_3O_7$（A=K，Rb）等晶体，其中 KBBF 晶体是较为典型的硼铍酸盐晶体，其结构如图 5-10 所示。从图中可以看出结构基元为 $[Be_2BO_6F_2]$，它具有明显的层状结构。KBBF 的结构基元由两个

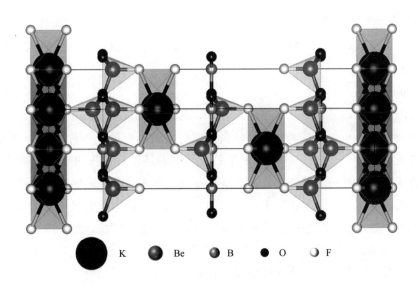

图 5-10 KBBF 晶体结构

[BeO₃F] 四面体和 [BO₃] 三角形相连而成，构成了（BeOBe）和（OBO）交替连接的六元环结构。六元环通过 O—Be 键和 O—B 键交织连接构成了网格结构，F 原子位于网格上下方。根据阴离子基团理论，晶体的宏观倍频系数主要源于阴离子基团微观二级磁化率张量几何叠加的结果，因此 KBBF 晶体的倍频系数主要贡献自 [BO₃] 基团，并且 [BO₃] 三角形的平行排列有利于提高倍频系数。此外，[BO₃] 基团中氧原子和铍原子的结合消除了悬空键，使得 KBBF 晶体成为一种理想的深紫外非线性光学材料。但由于 KBBF 晶体具有明显的层状结构，层与层之间通过静电力连接，而在合成 KBBF 晶体时，其一般成层状生长和分布，很难长出厚实的晶体，不利于沿着最佳相位匹配方位进行后续加工，限制了其在全固态深紫外激光器方面的应用。

5.3 非线性玻璃

玻璃是一种非晶态的无机非金属材料，与晶体材料相比，玻璃没有固定的熔点。由于其优异的光透过性能、较好的化学稳定性和热稳定性，以及容易制备成光纤等优点，玻璃成为一类具有重要应用前景的非线性光学材料。

5.3.1 二阶非线性玻璃

5.3.1.1 玻璃二阶非线性的起因

根据本章 5.2 节的理论分析，凡是具有中心对称性的材料都不能具有二阶非线性效应。对于理想的玻璃，由于具有完美的中心对称性，理论上不能产生二阶非线性光学效应。要使玻璃材料具有二阶非线性光学特性，其关键在于破坏玻璃网络的结构对称性。

5.3.1.2 玻璃二阶非线性的诱导方法

迄今为止，使玻璃产生二阶非线性的方法主要有以下三种：热极化法、热处理法和激光诱导法。

（1）热极化法

玻璃是一种特殊的材料：在室温的条件下，材料的微观结构几乎处于"冻结"状态，材料结构可调范围极小；当玻璃加热到较高温度时，玻璃会处于一种被称为"过冷液体"的状态，微观结构就会"解冻"，可以发生较大范围的活动。热极化就是使玻璃在高温处于"过冷液体"状态时对玻璃施加直流电场，在电场的驱动下，玻璃中离子可以发生定向迁移，产生宏观极化，在这种情况下，材料的中心对称性就会被破坏。在持续施加电场的情况下，将处于过冷液体状态的玻璃冷却至室温，最后撤去电场，由于冷却后玻璃的微观结构被"冻结"，撤去电场后已经发生定向迁移的离子无法迁移回平衡位置，进而获得在室温下非中心对称的具有二阶非线性的玻璃材料。

1991 年，美国科学家梅耶斯首次利用热极化技术在块体熔融石英玻璃中产生了 1pm/V 量级的二阶非线性。但总体而言，玻璃材料在电场下的离子迁移率不高，且受限于玻璃材料的电击穿阈值，无法施加大电场诱导离子迁移，通过热极化的方法只能在块体玻璃的微米尺度的浅表面诱导出二阶非线性，并不能制备出厘米量级以上整体都具有二阶非线性的玻璃。因此，相比于块体二阶非线性晶体，利用热极化技术制备的块体二阶非线性玻璃优势并不明显。

而对于玻璃光纤材料，由于玻璃光纤的纤芯尺寸本身只有微米量级，采用热极化的方法可以使整个玻璃纤芯都具有二阶非线性。相比块体，光纤具有光与物质作用长度长、插入损耗小等优点，基于光纤的光子器件具有许多引人注目的突出优势，这在一定程度上促进了二阶非线性光纤的发展和应用。且非线性晶体光纤制备工艺严苛，因此通过热极化方法制备二阶非线性玻璃光纤具有一定的优势。

光纤的热极化工艺主要有两种。传统的光纤热极化工艺如图 5-11 所示。首先，在纤芯周围加工出可容纳电极的孔，直接将两个电极分别插入光纤纤芯周围的孔中来给加热后的玻璃施加电压，使玻璃纤芯极化。但该方法有两个明显的缺点：一、由于两个电极之间的距离太小，容易产生电荷差，导致光纤被击穿；二、极化光纤的长度受光纤包层孔内电极的限制，并且受手工插入电极的影响，极化产生的二阶非线性具有不均匀性。随后将两个电极均接到阳极以实现光纤无阴极极化的方法被提出，这种方法虽然减弱了光纤被击穿的风险，但仍旧未解决光纤长度受限和二阶非线性不均匀的问题。为了解决上述问题，近年来，科学家们提出了改进的光纤热极化工艺：将两根装有嵌入式电极的不同长度的光纤放置在涂有黄金的载玻片上，两根光纤距离几厘米，当两个电极均连接到阳极电位时，实现光纤的静电感应极化，如图 5-12 所示，成功获得了比电极长得多的二阶非线性石英光纤。这种方法在一定程度上克服了光纤内部制造电极时的长度限制和二阶非线性极化率不均匀性等问题。

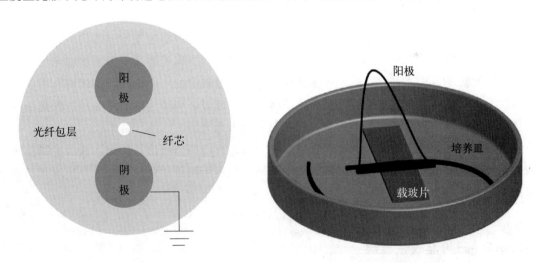

图 5-11　传统光纤热极化工艺　　　　图 5-12　光纤静电感应极化工艺

（2）热处理法

玻璃是一种亚稳态的物质，在高温热处理下，某些特定的玻璃体系可以可控地析出纳米-微米尺寸的二阶非线性晶体。二阶非线性晶体的出现破坏了玻璃局域的中心对称性，使得这种晶体-玻璃复合材料具有二阶非线性。

如图 5-13 所示，热处理诱导非线性晶体析出的关键在于调控晶体的成核和晶体生长两个过程。具体的工艺分为两种：一步热处理法和两步热处理法。一步热处理法指的是基础玻璃的晶相成核与晶体长大在同一温度下进行，主要适用于晶体成核能力强的体系。而对于晶体成核能力弱，但晶体生长能力强的体系，一步热处理法容易造成晶体异常长大，成为影响光学质量的散射点。在这种情况下一般采用两步热处理法：先在较低的温度下保温一段时间使晶相充分成核，然后升高到另一温度保温使得晶核长大，来实现晶体成核和生长过程的精确调控。目前已经通过热处理在多种块体玻璃材料中析出了系列非线性微晶，例如 β-BBO、$LiNbO_3$、$LaBGeO_5$ 和 $Ba_2TiGe_2O_8$ 等。

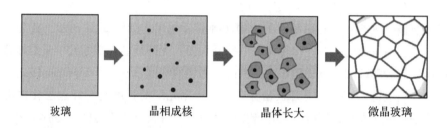

图 5-13 微晶玻璃的生长过程

在玻璃中晶体析出的位置和晶体的极化取向是随机的，构建了对材料三维空间位置上非线性系数的大小和取向的随机调制，可以为二阶非线性光学过程提供丰富的倒格矢。因此，相比于结构具有周期性的晶体材料，非线性晶体-玻璃的复合材料往往可以支持更多的二阶非线性过程。

（3）激光诱导法

激光诱导法可以看作热处理法的拓展。热处理法施加的热场是空间均匀的，非线性晶体在生长的位置上无空间选择性。由于激光具有良好的指向性和高能量密度输出特性，通过物镜聚焦的方法，可以有效地将激光能量集中在玻璃中的一个小的特定区域，引起局部温度升高，从而在空间中选择性地析出晶体。目前已经证明了连续激光和脉冲激光都可以作为诱导玻璃内部空间选择性析出非线性晶体的激光光源。

相比于热处理法，激光诱导法可以诱导空间选择性晶体析出，因此，通过控制激光的扫描方式可以加工出特定的晶体微观结构图样，可用于制备非线性光波导等集成式二阶非线性光子器件。

飞秒激光在玻璃内部诱导析晶，如图 5-14 所示。

5.3.2 三阶非线性玻璃

5.3.2.1 玻璃三阶非线性的起因

材料的三阶非线性光学效应对材料的对称性无要求，玻璃材料天然就具有三阶非线性光学系数。因此，相比于二阶非线性光学效应，玻璃材料更常表现出三阶非线性效应。

5.3.2.2 常见三阶非线性玻璃

（1）氧化物玻璃

氧化物玻璃体系众多，不同的体系表现出不同的性质。对于硅酸盐玻璃，三阶非线性效应随着非桥氧键的形成而增强，但由于其折射率低，非线性折射率值很小，此种玻璃的非线性光学效应主要受阴离子极化的影响，并且与阴离子极化程度成正比，而用于网络形成和调整的阳离子作用可忽略不计。即在含有过渡金属阳离子的硅酸盐玻璃中，其三阶非线性光学性质主要由过渡金属阳离子的浓度而不是由非桥氧的数目决定，如 Ti、Nb 等对玻璃的线性和非线性效应有强烈的贡献。并且一些重金属阳离子包括 Pb 也能在一定程度上增强玻璃的三阶非线性。

(2) 硫系玻璃

硫系玻璃是指以元素周期表第Ⅵ主族元素中 S、Se、Te 元素为主与 Ge、Ga、Sb 等各类金属元素形成的一类无氧玻璃，由于其具有优异的红外透明性和三阶非线性特性，加上灵活的尺寸和成分可调性，

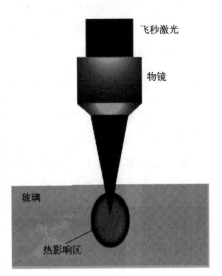

图 5-14　飞秒激光在玻璃内部诱导析晶

因此成为红外光学和非线性光子器件的理想材料。硫系玻璃的三阶非线性效应与化学成分之间的关系比传统的氧化玻璃更为复杂。此前已有的研究表明，对于硫系玻璃而言，提高其三阶非线性性能的关键因素可能与孤对电子的数量和重金属掺杂种类有关。如重金属卤化物的引入可以使硫系玻璃透射区同时向长波和短波方向扩展。由于重金属卤化物具有大的极化率，硫系玻璃中引入卤化物会增加玻璃结构的堆积密度，使玻璃表现出优异的三阶非线性光学性能，从而成为全光开关的最佳候选材料之一。

(3) 半导体颗粒掺杂玻璃

半导体颗粒一般为 Si、CdS、CdSe 和 CuCl 等，通常采用离子束溅射、磁控溅射、多靶溅射、物理气相沉积、离子注入、熔融法和溶胶-凝胶法等方法制备。半导体掺杂玻璃的非线性光学效应：因光吸收而产生的电子和空穴独立地或者以激子的形式被封闭在颗粒的狭小空间中，它们的相互作用很大，进而表现出很强的三阶非线性光学效应。

(4) 金属颗粒掺杂玻璃

金属颗粒掺杂玻璃是在玻璃中分散 Au、Ag、Cu、Pt 和 Ti 等的微粒子，通常采用离子交换、磁控溅射、离子注入、熔融法和溶胶-凝胶法等方法制备。玻璃中掺杂的金属纳米颗粒由于其较强的表面等离子体共振效应，会使得玻璃表现出独特的三阶非线性光学性质。当玻璃受到与其表面等离子体共振能量近似的光激发时，会产生局域电场，形成介电限制，从而提高玻璃材料的三阶非线性光学性能。

5.4　非线性低维材料

1.3.7 节和 5.1 节介绍了材料在强光场极化下产生的非线性光学效应及其应用。随着非线性光学研究不断深入，非线性光学效应研究对象开始从宏观向微观、由经典到量子转

变，同时非线性光学器件的研发也面临着集成化、微型化的挑战，在该背景下具有非线性效应的低维材料成为备受关注的研究热点。本节将对非线性低维材料的特性、种类及应用作简要介绍。

5.4.1 非线性低维材料的特性

从非线性光学研究兴起至今几十年的发展中，低维纳米材料的非线性光学特性逐渐吸引研究人员的研究兴趣，从而不断拓宽非线性光学的研究领域。同宏观块体材料类似，在强光场的作用下，非线性低维材料内部电子发生迁移，由于非线性材料正负迁移不一致，内部电荷产生变化，产生非线性极化。但随着材料大小从宏观向微观尺寸过渡，在某一临界尺寸（激子的玻尔半径）前后，材料会受到量子尺寸效应及量子限域效应的影响，光学特性会发生显著变化，如图 5-15 所示。低维材料非线性特性主要表现为以下方面：

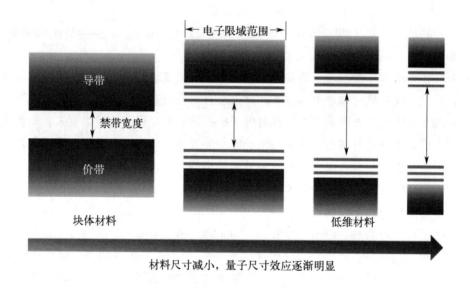

图 5-15 不同尺寸材料能带结构

① 当材料尺寸减小至特征尺寸后，费米能级附近的电子能级由准连续变为分立能级，引起能级劈裂、带隙变宽的现象，同时载流子之间强相互作用增强激子效应，能够有效减小低维材料带间跃迁所需能量，有利于低维材料的极化和非线性吸收。

② 由于低维材料某个维度上尺寸的限制，光激发产生的载流子运动被局限在特定尺寸范围内，极大增强了材料与光的相互作用，使得低维材料的非线性系数显著提高。

综上，与宏观块体材料相比较，非线性低维材料由于边界散射、能级分立、激子效应增强、晶格对称性破坏加剧等因素，其非线性光学特性明显区分于宏观块体材料。非线性低维材料表现出显著的二阶非线性光学效应，广泛应用于激光技术领域中的和频、差频、光学参量放大和参量振荡等；除了二阶非线性光学效应外，强光与低维材料之间还存在非线性吸收、非线性折射和受激拉曼散射等三阶非线性光学效应，其中，非线性吸收主要包括可饱和吸收和反饱和吸收。

低维材料表现出非线性光学的高度可调性。除了通过改变尺寸调控量子尺寸效应及限域效应来改变低维材料的非线性光学效应外，还有几种手段能够调控低维材料的非线性光学性质：

① 能带调控：改变低维非线性材料的掺杂元素（如改变卤素原子及引入重金属离子等），可以调控材料的带隙，使得双光子/多光子吸收增强或抑制，改变其非线性响应。

② 缺陷调控：引入缺陷能显著改变低维材料的非线性响应。在缺陷带来的中间能级和载流子浓度上升的作用下，低维材料能实现双光子吸收增强、反饱和吸收特性向可饱和吸收特性转变、可饱和吸收强度增强等显著改变。

③ 等离激元共振效应：光作用在金属纳米材料时，金属自由电子发生振荡，与入射光频率一致发生共振时，局域的强电磁场能够显著改变低维材料的三阶非线性响应。

5.4.2 常见的非线性低维材料

基于以上优异的非线性光学性质，不同维度的非线性低维材料在过去数十年间被陆续开发。根据材料在三维空间中处于纳米尺度（0.1～100nm）的维度数量，我们可以将其分为零维、一维和二维非线性材料。

5.4.2.1 零维非线性材料

零维非线性材料是指三个维度均在纳米尺度的非线性光学材料，主要包括量子点材料（如 CuS、CdS、PbSe、$CsPbBr_3$ 和 ITO 等）、纳米晶和金属簇状化合物等。2023 年，诺贝尔化学奖颁给了叶基莫夫等人，以表彰他们在发现和制备量子点材料方面的卓越贡献。量子点材料的问世也佐证了材料尺寸维度对微观纳米材料性质的巨大影响。由于量子点材料三个维度都为纳米尺寸，电子会受到显著的量子限域效应的影响，导致量子点材料具有类原子的分立能级，其中如 ITO、CuS 等等离子体量子点材料表现出强尺寸相关的非线性光学响应度，且由于其显著的局域表面等离子体共振效应，光场的能量被限制在高度局域的范围内，光与物质之间的非线性光学效应（如非线性吸收和非线性散射）得到显著增强。

其他量子点材料也表现出相比宏观材料更强烈的非线性效应，发展至今，研究人员已经开发了非线性光学应用的半导体量子点（如 PbS、CdSe、InP 等）、黑磷量子点、钙钛矿量子点（如 $CsPbCl_3$、$CsPbBr_3$ 等）。以钙钛矿量子点为例，它具有带隙可调谐、光致发光量子产率低和制造成本低等优点；相比于块体钙钛矿，量子限域效应显著地提升了钙钛矿量子点的双光子吸收截面，这使得它可作为高效的光变频材料和非线性光探测材料；另外，钙钛矿量子点的非线性折射等高阶非线性光学效应也相继被发现。

5.4.2.2 一维非线性材料

一维非线性材料是指有两个维度在纳米尺度的非线性光学材料，具有代表性的材料为碳纳米管。如图 5-16 所示，碳纳米管是一种由单层或数层石墨烯沿着长轴方向卷曲而成的空心柱状纳米材料，具有类似石墨烯的能带结构。碳纳米管的碳原子之间以 sp^2 杂化的碳碳键连接，形成六边形的网络结构，p 轨道相互交叉重叠形成离域大 π 键。碳纳米管有着非常优异的力学、热学、电学及光学性能，是一种理想的一维纳米材料。前文提到，碳纳米管具有类似石墨烯的能带结构，且其管径和手性结构会影响跃迁电子的能量吸收，不同管径和手性结构的混合碳纳米管会因为能带重叠引起电子能带展宽。此外，碳纳米管具有非常优异的饱和吸收、光限幅等非线性光学特性，广泛应用于锁模激光、非线性响应领域。

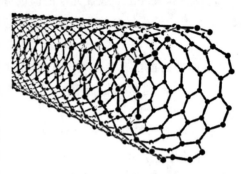

图 5-16　碳纳米管结构

5.4.2.3　二维非线性材料

二维非线性材料是指有一个维度在纳米尺度的非线性光学材料，代表性的二维非线性材料有石墨烯、层状二硫化钼以及黑磷等。2004 年，研究人员偶然通过机械剥离方法首次制备了石墨烯材料，引发了单层或少层（原子层）二维类石墨烯材料的研究热潮。该类材料层内通过化学键连接，层与层之间依靠范德华力相互作用。这样的结构在层内和层外方向均具有各向异性，材料的周期性和对称性被破坏，层间介电屏蔽作用弱，电子密度局域性得到增强，这些因素使得二维材料的非线性系数远高于块体材料，表现出非常优秀的非线性效应。石墨烯问世之初，研究人员首先基于其高电子迁移率等特点开展研究应用，在随后十余年的研究中，石墨烯的高非线性折射率、高非线性极化率等特点开始被挖掘利用。因其独特的单层二维结构，石墨烯有许多独特的物理特性，其导带和价带关于狄拉克点对称，因此石墨烯具有零带隙的特点，对任意波长的光吸收无选择性，带间弛豫时间短，具有高三阶非线性系数，且石墨烯对光具有很高的透过率，非可饱和吸收损耗很低，是脉冲激光器可饱和吸收体的理想材料。

石墨烯的兴起激起了研究人员探索二维非线性材料的热潮，如以二硫化钼（MoS_2）、二硫化钨（WS_2）等过渡金属硫化物为代表的类石墨烯材料相继被开发，该类材料同样具有单层或少层的二维结构。以二维层状的 MoS_2 为例，它具有"三明治"结构，Mo 原子层位于中间，两层 S 原子层包夹 Mo 原子层。与石墨烯相比，MoS_2 带隙宽度在 1.3～2.0eV 之间，可通过层数调节，带隙宽度随着层数减小而增大，剥离至单层时会由间接带隙材料转变为直接带隙材料，具有比石墨烯更宽的响应波长范围及更强的可饱和吸收特性。除了宽波段响应的优良特质，MoS_2 在超快非线性领域也展示出了优异的应用潜力，单层或少层的 MoS_2 已被证明对可见光及近红外波段的飞秒脉冲具有可饱和吸收特性。

作为一种新兴的非线性低维材料，黑磷与过渡金属硫化物一样，带隙宽度可调且与层数相关，能从块体材料的 0.3eV 过渡到单层材料的 2.0eV，补充了石墨烯和二硫化钼材料带隙宽度之间的空白。相较于过渡金属硫化物，黑磷材料具有更高的电子迁移率，能作为可见光波段到近红外波段的可饱和吸收体应用于激光领域；但黑磷物化性质过于活跃，易与氧气、水发生反应，引起元器件的退化。在实际应用中，封装的复杂工艺成为限制黑磷应用的一大因素。

不同二维材料结构如图 5-17 所示。

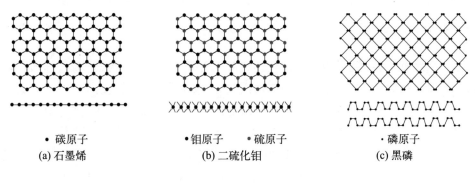

图 5-17　不同二维材料结构

5.5　无机光子调变材料的应用

5.5.1　天文钠导星

对于天文观测，来自宇宙的光波需要穿过大气层到达望远镜进行成像，由于存在大气湍流，不可避免地产生了光的散射与损耗，导致天文望远镜的成像质量差。为了解决这一问题，科学家提出了自适应光学的策略：以一个来自宇宙或高空中的稳定光作为参考光源，动态地修正目标光波的波前，从而实现成像质量的修正。这个参考光源就称为"导星"。其中，"钠导星"是最具优势的导星种类，原因如下：

第一，钠导星灵活性强。钠导星是人工导星的一种，通过一束 589nm 波长的橙黄色激光激发大气层中的钠原子发光来作为导星。可以通过激光灵活操控导星的位置，使其适配观察任务的需要。

第二，钠导星稳定性高。大气层中的钠原子受大气变化影响小，钠原子发光稳定且发光带宽窄，能很好地满足导星的条件。

钠导星系统的核心是发射波长为 589nm 的激光系统。在第 2 章中，我们讨论了一系列光子产生材料，利用其可在多个波段都实现高效、高功率激光的输出。但值得注意的是，目前并非任意的波段都能基于光子产生材料实现高效激光，钠导星系统所需的 589nm 波长激光所在的橙黄波段区域恰好是激光的"死区"之一。在这种情况下则需要借助光子调变材料，将已有的其他波段的高功率激光通过光与物质非线性相互作用来转换到目标的波段。

对于钠导星用的 589nm 波长激光，主要通过对 1064nm 波长和 1319nm 波长这两种成熟的 Nd 激光进行频率转换来实现。具体的方法主要有两种：第一种方法是 1064nm 波长和 1319nm 波长激光借助和频晶体直接进行和频，实现 589nm 波长的橙黄激光；第二种方法是 1064nm 波长的激光借助非线性拉曼晶体或非线性拉曼光纤可以转换为 1178nm 波长的激光，进一步地，1178nm 波长激光再通过倍频晶体转换为 589nm 波长的橙黄激光。

目前，这种基于非线性频率转换的589nm波长输出的激光系统已经被广泛应用于世界各国的大型天文观测系统中，对人类探寻外太空的奥秘发挥着不可或缺的作用。

5.5.2 拉曼光纤光放大

随着"大数据"和"万物互联"时代的到来，全球光通信主干网数据流急速增长，亟须拓展传输容量。拓展光传输用的频谱范围被认为是拓展传输容量代价最小的技术方案。光传输用的频谱需要满足两个要求：一、处于传输用石英光纤的低损耗窗口；二、对应波段有相应的光纤放大器。随着低损耗传输用石英光纤制备技术的发展（详见第3章），目前低损耗石英光纤的低损耗窗口已经可以覆盖1260～1675nm范围（其中，1260～＜1360nm定义为O波段，1360～＜1460nm定义为E波段，1460～＜1530nm定义为S波段，1530～＜1565nm定义为C波段，1565～＜1625nm定义为L波段，1625～1675nm定义为U波段）。但目前光通信传输用的频谱范围仍然局限于C和L两个波段，这是由于除了C、L波段外，其余波段仍缺少成熟的光纤放大器。这意味着，若能开发出工作在O、E、S或U波段的光纤放大器，将解放除C和L波段外的可用频谱，大大拓展传输的容量。

传统的光纤放大器基于受激辐射效应实现光放大，其核心材料是增益玻璃光纤材料。其要求光纤形式的增益材料在相应的光通信波段有良好的增益效果。目前只有工作在C波段和L波段的Er^{3+}离子掺杂石英光纤可以满足商用光纤放大器的需求。要开发新波段的光纤放大器，其中一种思路是继续开发新波段的增益光纤，但目前进展较为缓慢，尤其是针对S波段和U波段的增益光纤。另外一种思路是，跳出传统光纤放大器设计思路，改为利用非线性光纤的受激拉曼散射效应实现光放大。目前常用的拉曼光放大用非线性光纤是锗掺杂石英光纤，其拉曼频移为$440cm^{-1}$。以其作为非线性拉曼介质，采用1410nm波长半导体激光作为泵浦光，可以实现1500nm波长（S波段）的光放大；采用1550nm波长Er^{3+}掺杂光纤激光作为泵浦光，可以实现1663nm波长（U波段）的光放大。可见，拉曼光纤放大器可以作为传统光纤放大器的有力补充，对拓展光通信可用频段发挥重要作用。

5.5.3 深紫外光刻

英特尔公司创始人摩尔在1965年曾经指出：集成电子器件上可以容纳的晶体管数目大约每经过18个月到24个月便会增加一倍。这就是著名的摩尔定律。若根据摩尔定律的预测，要在同样尺寸的晶圆上加工出更多晶体管，意味着单个晶体管的尺寸的缩小，因此也将对集成式电子器件的制造加工技术的分辨率提出更高的要求。目前，光刻技术是制造高集成式电子器件（如：芯片）的核心技术。要提高光刻技术的加工分辨率，关键在于缩短光刻所用的激光波长。目前高集成式电子器件单个晶体管的特征尺寸在70nm以下，针对这一特征尺寸，普通的近紫外光（波长200～390nm）无法满足加工的分辨率要求，需要采用波长更短的深紫外光源。

对于无机光子产生材料，要通过受激辐射的方式产生波长如此短的高品质深紫外激光是十分困难的。目前，要获得符合高分辨率光刻要求的深紫外光源有两种方式：第一种是气体激光（非全固态系统），另一种是利用深紫外倍频晶体，可见或近红外激光通过一次或多次倍频过程，将激光波长转换到深紫外波段（全固态系统）。针对全固态深紫外激光系统，由我国陈创天院士团队研发的 KBBF 晶体是目前唯一具有实用性的深紫外倍频晶体，是系统中核心材料。我国曾是唯一掌握该材料生长技术的国家。

5.5.4 三维三基色立体显示

三维三基色立体显示技术，是一种新型显示技术。与二维显示技术相比，三维立体显示技术可以实现更逼真的物体显示，在视觉上呈现更多细节，可满足更高端的视觉显示需求。实现三维三基色立体显示的主流方案之一，是通过使用不同波长的非可见光波段的激光分别诱导成像介质材料的红、绿、蓝三基色的光发射。利用激光高速扫描技术扫描出目标图像，基于视觉暂留效应，实现三维三基色立体成像。

因此，对于三维三基色立体显示，成像介质的选择至关重要。其中一种方案是使用掺杂多种稀土离子的光子产生材料作为成像介质，不同激光激发不同的稀土离子发光，实现三维三基色立体显示。但是不同稀土离子之间容易相互窜扰，导致显示质量变差。针对这一问题，我国浙江大学的邱建荣教授团队提出了基于非线性玻璃（非线性晶体-玻璃复合材料）的倍频效应实现三维三基色显示的新思路。非线性玻璃（非线性晶体-玻璃复合材料）具有独特的宽波段倍频响应、广角度倍频光发射等特点。基于材料的这些特点，选择合适波长的近红外激光作为基频光，通过动态切换激光波长以及通过激光高速扫描，在激光扫描区域可动态实现高色纯度的红、绿、蓝三基色光发射，从而实现三维三基色立体成像。由于非线性倍频效应不涉及实能级的跃迁，不会产生波长间的窜扰，成像质量高。

5.5.5 动态激光防护

随着高功率激光器的广泛应用，高能激光对人眼和光传感器等光敏感元件的潜在危害越来越大，同时激光武器的出现也对国防安全提出了新的挑战，激光防护技术应运而生。传统的激光防护主要采用滤光材料直接降低光学透明度以达到激光防护的目的，这种防护方式为静态激光防护。随着激光应用场景的拓展，目前又提出了动态激光防护的概念，即：在光强较弱时，防护介质具有高光学透明度，允许光通过；当光强较高时，防护介质光学透明度降低，起到激光防护的作用。

非线性反饱和吸收效应具有低光强时低吸收，高光强时高吸收，且响应速度快等特点。因此，具有反饱和吸收效应的光子调变光限幅材料被认为是实现动态激光防护的理想材料之一。目前开发的基于反饱和吸收的动态激光防护材料主要有两类：宏观块体光限幅材料和低维光限幅材料。宏观块体光限幅材料主要为非线性玻璃材料，其可以根据所需要防护的物体加工成所需的复杂几何形状，实现对物体的全方位保护；低维光限幅材料主要有各类低维碳材料（如：富勒烯），低维材料可以通过镀膜或配置成涂料等形式，直接涂覆于物体表面，形成激光保护涂层。

5.5.6 超短脉冲激光的产生

在第 2 章中我们讨论了激光产生的机制以及光子产生材料在激光产生过程中的作用。

但我们所讨论的激光主要指连续激光。要产生超短脉冲激光,除了要满足第 2 章所述的激光产生条件外,还必须对光波做额外调制才能实现超短光脉冲的输出。

在时域上看,超短脉冲激光是一系列脉冲宽度为皮秒乃至飞秒量级的光脉冲的周期性输出。根据傅里叶变换的基本原理,在时间上的周期函数可以等效于一系列具有恒定相位关系且具有不同频率三角函数(或指数函数)之和。因此,对于超短脉冲激光,在频域上看就是一系列具有特定且恒定相位关系的不同频率(波长)光波叠加的结果。因此,产生超短脉冲激光的核心在于:使不同频率光波锁定在特定且恒定的相位模式。为此,研究者提出了锁模技术:自由运转的激光,由于不同频率光波模式没有锁定,表现为一系列强弱不一的脉冲随机叠加(即为连续激光),若能损耗能量低的脉冲成分,筛选出单一能量最高的脉冲,在频域上看便完成了频率上模式的锁定,实现超短脉冲激光的输出。

要实现上述模式锁定的目标,则需要基于光子调变材料的非线性光学效应对脉冲进行筛选,具体的方案有以下两种。

第一种方案是基于非线性光折射效应实现模式锁定。在激光腔中加入具有高非线性折射响应特性的光子调变材料,当出现激光振荡后,由于目标脉冲成分具有更高的能量,因此其对应的非线性折射率更高,其在光子调变材料上传播时表现出更强的自聚焦效应;当激光出射时,通过在空间上加入合适孔径的小孔就可实现脉冲的筛选,实现模式锁定。目前这一方案主要应用于全固态钛蓝宝石超短脉冲激光。

第二种方案是基于非线性光吸收实现的模式锁定。在激光腔中加入具有可饱和吸收特性的光子调变材料,高能脉冲将被允许透过,低能脉冲将被损耗,从而实现脉冲的筛选。目前应用的可饱和吸收体主要为各类低维材料,可通过镀膜的方式与光纤结合,因此主要应用于各类光纤超短脉冲激光。

5.5.7 超短光脉冲脉宽测量

在 2.6.5 节讨论了超短光脉冲可以作为超快过程的"标尺",用于瞬态过程的探测。但是对于超短光脉冲本身,其时间尺度位于皮秒乃至飞秒量级,已经难以寻找到时间尺度比其更短的"标尺"用于测量超短光脉冲的脉宽。

针对这一问题,研究者们提出了时域自相关技术用于超短光脉冲的测量。其具体过程是将入射脉冲分为相同两束,一束光通过一个时延装置,改变两束脉冲间的相对时延,然后将这两束光合并,注入到二阶非线性晶体或玻璃中,并记录产生的倍频信号的强度。通过改变时延,记录下一系列时延下对应的倍频信号的强度,所得到的时延-倍频信号强度谱型即为"自相关谱"。在 5.1.1 节中,我们讨论了倍频信号的强度与两束基频光强度的乘积成正比,因此每一点时延下所产生的倍频信号的强度是两束脉冲交叠程度的反映,而最终所得的自相关谱的谱型则与脉冲本身的时域特性(如:脉冲宽度)有关。通过数学算法即可根据自相关谱测量待测超短光脉冲的脉冲宽度。可见,自相关技术实际是超短光脉冲自身作为自身测试的"标尺",并将不可直接测量时间信息转换为可测量的空间信息,通过以空间测时间的方式实现超短光脉冲的测量。

习 题

5.1 根据第 1 章和本章 5.1 节,请从光学设计和材料设计的角度简述如何提高材料的非线性光学响应。

5.2 要实现哪些非线性过程需要考虑相位匹配?哪些不需要?

5.3 线性散射和非线性散射有何区别?

5.4 请简述水热法和熔盐法合成非线性晶体的原理。

5.5 简要介绍非线性晶体的用途。

5.6 诱导玻璃产生二阶非线性的方法主要有哪几种?原理分别是什么?

5.7 简要介绍非线性玻璃的用途。

5.8 简述可饱和吸收效应。

5.9 简述低维材料与宏观块体材料的非线性光学性质差异及原因。

参考文献

[1] 赵凯华,钟锡华. 光学［M］. 北京:北京大学出版社,2018.
[2] 陈敏,赵福利,董建文. 光学［M］. 北京:高等教育出版社,2018.
[3] 周炳坤,高以智,陈倜嵘,等. 激光原理［M］. 7版. 北京:国防工业出版社,2014.
[4] 胡丽丽. 激光玻璃及应用［M］. 上海:上海科学技术出版社,2019.
[5] 杨中民,陈东丹,唐国武. 复合玻璃光纤［M］. 广东:华南理工大学出版社,2021.
[6] Palais J C. 光纤通信(英文版)［M］. 5版. 北京:电子工业出版社,2020.
[7] 宋绍腾,沈晓芳,陆伟泽,等. 基于温差电效应的充电装置［J］. 科技与创新,2023(15):176-178.
[8] 许志建,徐行. 塞贝克效应与温差发电［J］. 现代物理知识,2004(01):41-42.
[9] 赵宁,乔双,马雯,等. 热释电材料性能及应用研究进展［J］. 稀有金属,2022,46(09):1225-1234.
[10] 张志伟,曾光宇,张存林. 光电检测技术［M］. 3版. 北京:北京交通大学出版社,2014.
[11] Neaman D. 半导体物理与器件(英文版)［M］. 4版. 北京:电子工业出版社,2011.
[12] Boyd R W. 非线性光学(英文版)［M］. 3版. 北京:世界图书出版公司,2010.